新概念阅读书坊

BUKE-SIYI DE RENLEI SHENMI QI'AN

不可思议的

人类神秘奇案

主编◎崔钟雷

吉林美术出版社

图书在版编目（CIP）数据

不可思议的人类神秘奇案 / 崔钟雷主编 . —长春：吉林美术出版社，2011. 2（2023. 6 重印）
（新概念阅读书坊）
ISBN 978-7-5386-5234-5

Ⅰ . ①不…　Ⅱ . ①崔…　Ⅲ . ①人体－普及读物
Ⅳ . ① R32-49

中国版本图书馆 CIP 数据核字（2011）第 015248 号

不可思议的人类神秘奇案

BUKE-SIYI DE RENLEI SHENMI QI'AN

出版人　华　鹏
策　　划　钟　雷
主　　编　崔钟雷
副主编　刘志远　于　佳　芦　岩
责任编辑　栾　云
开　　本　700mm × 1000mm　1/16
印　　张　10
字　　数　120 千字
版　　次　2011 年 2 月第 1 版
印　　次　2023 年 6 月第 4 次印刷
出版发行　吉林美术出版社
地　　址　长春市净月开发区福祉大路 5788 号
　　　　　邮编：130118
网　　址　www. jlmspress. com
印　　刷　北京一鑫印务有限责任公司
书　　号　ISBN 978-7-5386-5234-5
定　　价　39. 80 元

前　言

书，是那寒冷冬日里一缕温暖的阳光；书，是那炎热夏日里一缕凉爽的清风；书，又是那醇美的香茗，令人回味无穷；书，还是那神圣的阶梯，引领人们不断攀登知识之巅；读一本好书，犹如畅饮琼浆玉露，沁人心脾；又如倾听天籁，余音绕梁。

从生机盎然的动植物王国到浩瀚广阔的宇宙空间，从人类古文明的起源探究到21世纪科技腾飞的信息化时代，人类五千年的发展历程积淀了宝贵的文化精粹。青少年是祖国的未来与希望，也是最需要接受全面的知识培养和熏陶的群体。“新概念阅读书坊”系列丛书本着这样的理念带领你一步步踏上那求知的阶梯，打开知识宝库的大门，去领略那五彩缤纷、气象万千的知识世界。

本丛书吸收了前人的成果，集百家之长于一身，是真正针对中国青少年儿童的阅读习惯和认知规律而编著的科普类书籍。全面的内容、科学的体例、精美的制作、上千幅精美的图片为中国青少年儿童打造出一所没有围墙的校园。

编　者

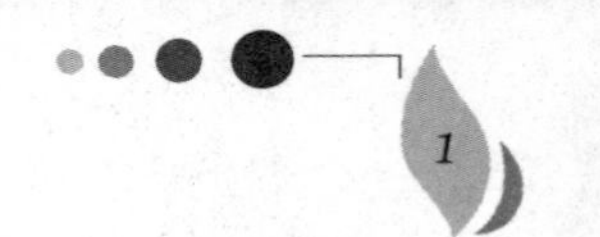

人体奥秘

奇异能力

进化之谜

奇案魅影

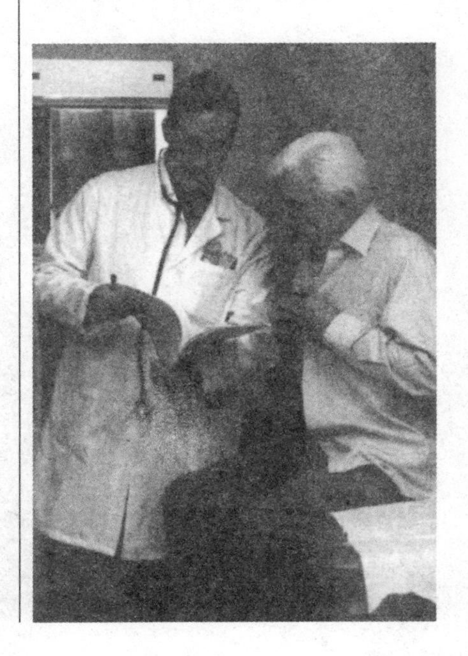

On September 11, 2001, acts of terrorism took the lives of thousands at the World Trade Center in New York City, in a grassy field in Shankesville, Pennsylvania and here at the Pentagon.
We will forever remember our loved ones, friends and colleagues.

人体奥秘

RENTI AOMI

人脑之谜

脑是如何工作的？它究竟在做什么？千百年来，这些问题吸引着无数人，也不断向人们提出挑战。也许，了解脑是人类认识最后的未知领域。但现在，我们终于能够涉足这一领域了，当然也有动力驱使着我们这样做。

人类在世界历史上创造了许多伟大的奇迹，而这些奇迹的创造要归功于人类有一个与众不同的脑。尽管人类创造出了种种的奇迹，但是对于人脑的认识却充满了未解之谜。

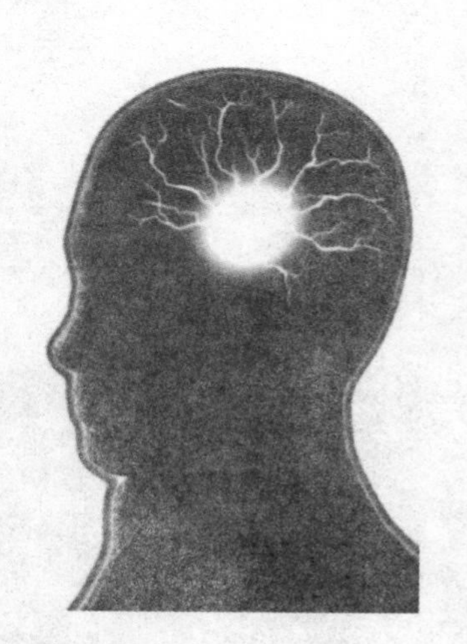

脑这个人体的总司令部，承载着人类无尽智慧的同时，也承载着太多的未解之谜

古时认为的正常精神活动与脑毫无关系，终于因为克罗托内镇的阿尔克迈翁的一个伟大发现而发生了改变。阿尔克迈翁发现，确实有连接物从眼导向脑。他断定，这个区域就是思维的发生地。这个革命性的想法与两名埃及解剖学家希罗菲勒斯和埃拉西斯特拉图斯的观察异曲同工。这两位解剖学家曾设法跟踪神经，以了解它如何从人体的其他部位传入脑。

众所周知，人类的大脑是人的感觉和运动的总指挥部。人的一切感觉，如饥感、渴感和其他感觉都由它来支配，确切地说，都由大脑皮层下的下丘脑支配。

下丘脑的功能无论对于动物，还是对于人体都是至关重要的。

比如，破坏了动物或人下丘脑上分管饥饿的神经中枢，动物或人即使饿死也不愿进食；而用电流刺激饥饿中枢，即使实验对象刚刚吃饱，也会立即扑向食物。那么，醉鬼对酒精的嗜好会不会也与下丘脑有关呢？10 年前，苏联医学科学院的苏达科夫对此进行了研究。酒和水都是液体，既然下丘脑上有渴中枢，那么，下丘脑上会不会也有嗜酒中枢呢？为此，苏达科夫等人做了一连串的实验。他们让一群老鼠连喝了一个月的“酒”，结果老鼠们全都变成了“酒鬼”。然后，研究者破坏了其中一部分醉鼠的渴中枢，接连数天不让正常的老鼠、已被破坏和未破坏中枢的鼠“酒鬼”喝水，而后将水和稀释酒精放在它们面前。90 只醉鼠中只有 6 只选择了前者，其余的全部挑选了稀释酒精。而未喝过酒的老鼠和动过手术的醉鼠选中的却几乎全是清水。这个实验有力地说明了，动物大脑中的嗜酒中枢极有可能是渴中枢长期受酒精刺激后才转化而成的。所以，科学家认为，可以通过手术来根治酒徒。

上述实验目前仅限于动物试验阶段。至于人脑中是否存在嗜酒中枢，更是尚未定论的科学之谜。

左右手的奥秘

动物使用左前肢和右前肢的概率基本上是相等的，而作为万物之灵的有着灵巧双手的人类，左手与右手的使用概率却极不相同，大多数的人习惯于用右手，而使用左手的人仅占世界人口的6%～12%，为何比例如此悬殊？

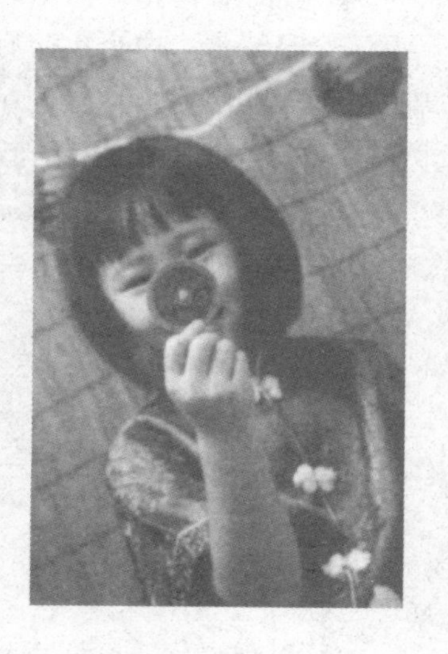

最近，瑞士科学家依尔文博士提出了一个新的假设。他认为在远古时代，人类祖先使用左右手的概率与其他动物一样，都是均等的，只是由于还不认识周围的植物，而误食其中有毒的植物，左撇子的人对植物毒素的耐受力弱，最终因植物毒素对中枢神经系统的严重影响而导致难以继续生存；而右撇子的人以其顽强的耐受力最终在自然界中获得生存能力，并代代相传，使得使用右手的人成为当今世界中的绝大多数。

美国科学家彼得·欧文也通过实验证实了依尔文的假说，他挑选88名实验对象，其中12名左撇子。他对这些志愿者用了神经镇静药物后，通过脑照相及脑电图发现：左撇子的大脑反应变化与右撇子有极大的不同，几乎所有的左撇子都表现出极强烈的大脑反应，有的甚至看上去像正在发作癫痫病的患者，有的还出现了神经迟滞和学习功能紊乱的症状。

如果同意依尔文的假说，那么，左撇子者少，就成了人类历史初期自然淘汰的结果，左撇子应该是人类中的弱者。

的确，在一个多世纪前，人们普遍把左撇子看成是一种疾病，认为这是由于产妇遇到难产时，婴儿的左侧大脑受到了损害，使控制右手以及文字和语言功能都产生障碍，婴儿在以后的生长过程中经常地用左手。

正是因为有了灵巧的双手，人类才能进行生产劳动，进行发明创造，才能把思想付诸行动

然而，事实却与一个多世纪前人们的认识以及依尔文假说推出的结论有很大的出入。我们生活中的左撇子大多是一些智慧聪颖、才思敏捷的人，特别是在一些需要想象力和空间距离感的职业中，左撇子往往是其中最优秀的人才。现代解剖学给了我们如下的解释：人的大脑的左右半球各有分工，大脑左半球主要负责推理、逻辑和语言；而大脑右半球则注重几何形状的感觉，负责感情、想象力和空间距离，具有直接对视觉信号进行判断的功能。因此，从“看东西”的大脑到进行动作，右撇子走的是“大脑右半球—大脑左半球—右手”的神经反应路线。而左撇子走的是“大脑右半球—左手”的路线，因此左撇子比右撇子在动作敏捷性方面占有优势。据此观点，左撇子却是生活中的强者。

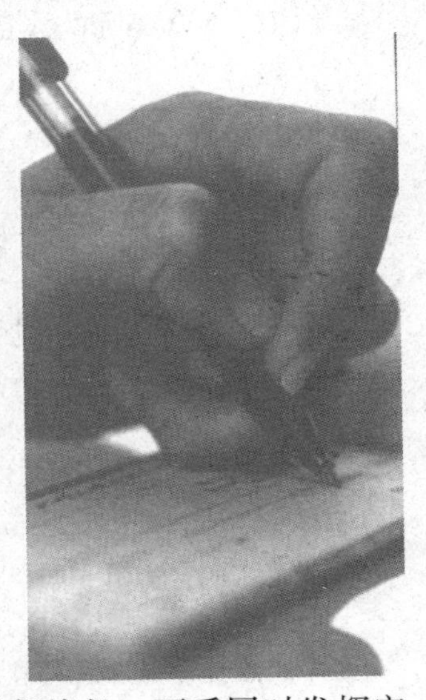

那么人们能不能够左右开弓呢，两手都擅长、两手同时发挥它们最大的作用？在不远的将来，这或许随着人类的不断进步能最终实现。

善变的体温

正常情况下，人类的体温总保持在37℃左右，可美国妇女玛西亚在几年前接受脑部血管破裂修补手术后，却得了一种罕见的“体温骤升暴跌病”。一般情况下，她的体温始终处于一种大幅度跳跃状态，突然之间，可由正常的36℃左右骤降到32℃，随即又升到40℃以上。由于体温如此不稳定，她不得不放弃工作，留在家中。美国太空总署的科学家认为，这种体温骤变的情况只有在太空中才可能出现，于是便借给玛西亚一套价值1 500美元的太空保温衣。穿上这套衣服才使她的体温保持正常。

必须靠太空衣保持体温的人

体温，通常指人体内部的温度，人体的温度是比较恒定的，但也并非一成不变，它在正常范围内，受着多种因素的影响，有一定正常的波动范围。人体温度相对恒定是维持人体正常生命活动的重要条件之一，如体温高于41℃或低于25℃时将严重影响各系统的机能活动，甚至危及生命。机体的产热和散热，是受神经中枢调节的，很多疾病都可使体温正常调节机能发生障碍而使体温发生变化。临床上检查病人体温，观察其变化对诊断疾病或

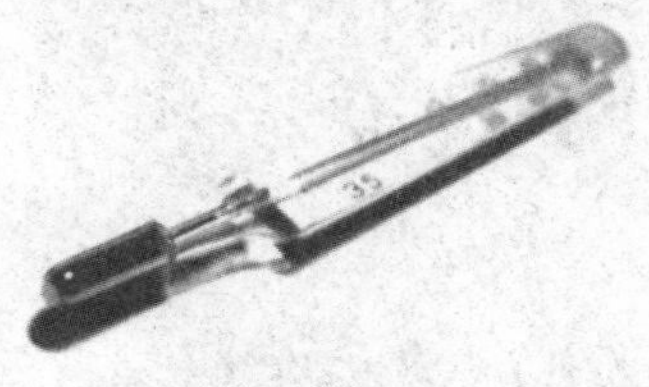

最早的温度计是意大利科学家伽利略发明的，后来经过科学家们的不断改进，温度计的种类越来越多，测温也越来越精确

判断某些疾病有重要意义。人类由于具有完善的体温调节机制，并能采取防寒保暖措施，故能够在极端严酷的气候条件下生活和工作，并维持较恒定的体温，即37℃左右。

恒温动物维持体温恒定的机能是在进化过程中产生的。低等动物没有完善的体温调节机构，它们的体温随着周围环境温度或接受太阳辐射热的多少而发生改变，称为变温动物。变温动物只有在适宜其温度的范围内才能生长、繁殖和进行正常活动。而当环境温度过高或过低时，它们会隐蔽起来或进入休眠状态。鸟类、哺乳类、尤其是人类的体温调节机制进化完善，在不同环境温度下都能保持体温相对稳定，为恒温动物。恒定的体温使机体各器官系统的机能活动持续稳定地保持在较高的水平上，这样就增强了机体适应环境的能力。

人的体温在昼夜有周期性的变化，关于体温昼夜周期性变化的原因迄今尚不明确。一般认为这种周期性变化主要取决于机体的内因，是内部规律性所决定的。它的变化，可能同机体昼夜活动与安静的节律性、代谢、血液循环及呼吸功能的周期变化有关。外在条件对昼夜间体温周期性亦有影响，例如长期夜班工作的人，体温周期性波动与一般人不同，可出现夜间体温升高，白天体温下降。

然而在美国，却有一位靠太空衣维持正常体温的空中小姐凯蒂丝。原本她整天在空中飞来飞去，可现在却连自己的房间也无法以离开。用她自己的话说：“我有时好几个星期都平安无事，却突然在某一天发作好几次。体温有时低到31.26℃，但一会儿却高到40.88℃。我简直是活在死亡的边缘。”凯蒂丝并没有动过什么脑部手术，她是莫名其妙地出现了体温骤升暴跌的症状。虽然她是空中小姐，但从未乘航天飞机进入过太空。她为何会患上这种太空人才可能得的病呢？到目前为止专家也未能为她诊断清楚。

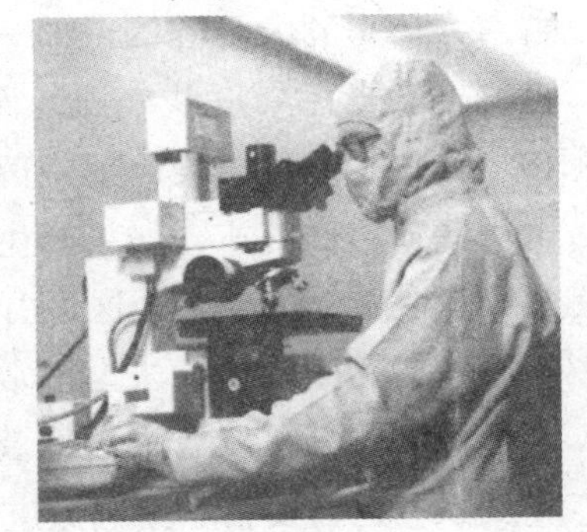

人体内的细菌之谜

在人从出生到死亡的近百年中，无时无刻不在与细菌打交道。细菌不仅存在于自然环境中，甚至还“寄居”于我们的体内。

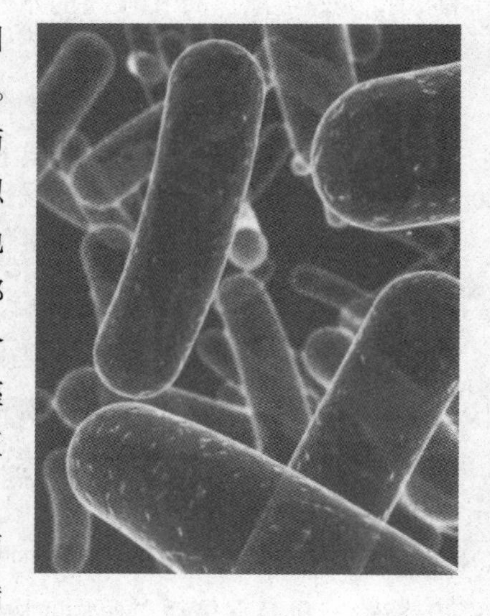

人们将那些一般情况下不会引发疾病的细菌称为“正常菌群”。但也有些科学家认为，正常菌群与致病菌性质是相同的。它们看似“正常”，可实际上却在暗中慢慢地侵蚀人体。人体表面的皮肤每天都在与暂居菌接触，它们会在皮脂分泌旺盛的皮肤上留下令人烦恼的痤疮。因此，一些科学家认为人体正常菌群是人类健康的潜在威胁。

另外一些科学家则认为正常菌群对人体是利大于弊的。如一些病菌群经常会污染皮肤表面，而正常菌群能抑制这些致病菌的生长，使皮肤较少受到感染；正常菌群还可以为人体提供维生素 K，它全部由肠道菌群合成，如果新生儿由人工喂养，那么他的患病率明显高于母乳喂养的婴儿，这是由于他的肠道中缺乏双歧杆菌。

还有一些科学家认为正常菌群与人体之间保持着平衡关系。可人体各部位存在着数十亿细菌，它们是怎样与人体保持着亲密的平衡关系，还需要科学家们做进一步的研究。

猝死之谜

在人的一生中会有很多的意外发生，有些意外是可以预防的，但有些意外却是不可预知的，猝死就是各种意外中最难预防的。猝死的人中有成功的企业家，也有处于最好状态的运动员，可以说猝死的发生不分年龄和人群。

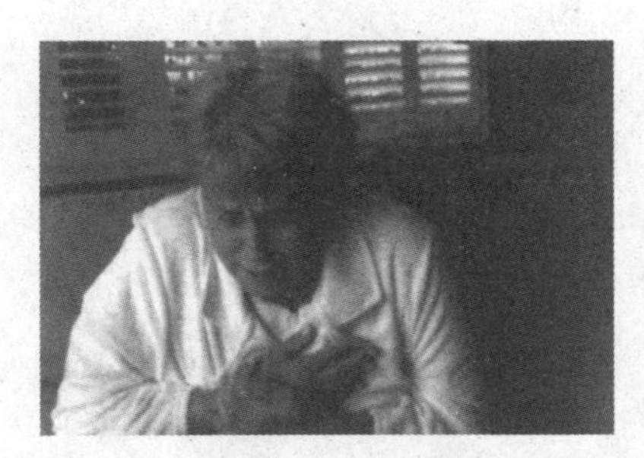

猝死是指人在毫无异常的情况下，并在6个小时内迅速死亡，有的人甚至会在几分钟或几秒钟之内停止心跳。

科学家认为，猝死是由于控制心脏搏动的电活动发生故障引起的。一般情况下，心肌细胞的电流处于均衡协调的状态，一旦电活动发生故障，心脏内部电流的均衡状态就会被破坏，心肌细胞就会失控，心脏的收缩舒张便发生紊乱。

还有科学家提出，猝死的根源在于大脑而非心脏。控制心脏工作的大脑区域若发生故障，会产生使心脏失常的化学物质，导致心肌颤动，引发猝死。

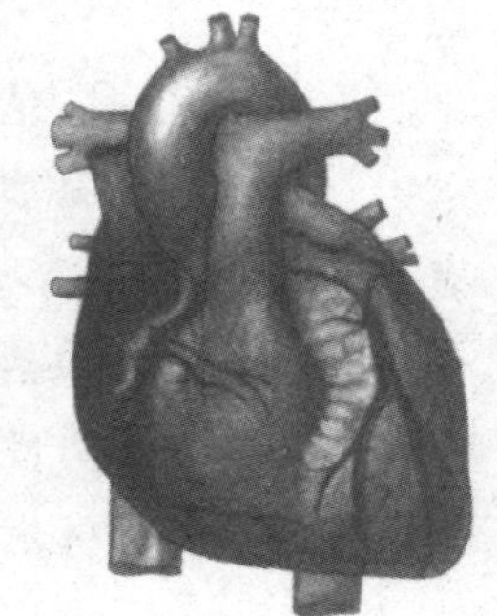

还有一种看法认为，猝死与人体情绪波动有关。研究结果证实，承受巨大的精神压力、愤怒、悲伤等情绪，不但马上会引起心脏功能失常，而且还会在之后诱发心脏病猝死。情绪波动与猝死联系密切。

人体潜力的奥秘

人们常常会听到这样一句话："他是很有潜力的。"那么，什么是潜力？人体到底有多大潜力呢？

人体的潜力是指人体内暂时处于潜在状态还没有发挥出来的力量。科学家发现，人体的潜力相当惊人，有待于人们进一步研究、挖掘。

人体的潜力似乎是无穷无尽的，这也许就是人们喜欢极限运动的原因，超越自我、挑战极限

在智力方面，人的大脑约有一百四十亿个神经细胞，而经常活动和运用的不过十多亿个，还有 80% ~ 90% 的脑神经细胞在"睡觉"，尚未发挥作用。

人体肺脏中的肺泡，经常使用的也只是其中一小部分。通过锻炼身体可以发挥其潜力，提高肺活量和增大血管容积。

人在遇到紧急情况时，会发挥出平时所没有的力量，这是人体潜力在紧急关头被发挥出来的结果。科学家估计，目前世界上大约有 50% 以上的疾病不需要治疗就能自愈，这也被认为是人体潜力的作用。这种潜力包括人体免疫系统的防御作用和自身稳定作用等。

人体具有多方面的潜力，好多方面尚未被人们认识。进一步研究、挖掘这种人体潜力，是目前人体医学发展的方向。

孪生心心相通之谜

世界上大约每一百次分娩中就有 1 次是双胞胎，其中 1/4 是同卵双生。同卵双生婴儿一定是同性的，他们不仅相貌极其相似，就连经历、爱好也常常相同。为此，美国、意大利和日本等国家都设立了专门的研究机构。

美国俄亥俄州有一对从小就被分开的孪生子，分别 39 年后相遇，两人发现彼此都受过法律教育，同样爱好机械制图和木工制作。更令人称奇的是，两人的前妻同名，儿子同名，第二任妻子的名字竟也相同。

美国还有一个三胞胎兄弟，1961 年出生后，分别被三个不同的家庭所抚养。1980 年，他们重逢了，彼此发现三人虽然在不同的环境里长大，但是却有许多相同的习性，比如：喜欢吃意大利餐，喜欢听柔和的摇滚乐，还喜欢摔跤，而且三人的智商虽然都很高，但数学同样都不及格。同时，三个人都接受过精神医生的治疗，甚至三个人重逢时，大家拿出的香烟也是同一个牌子的。

双胞胎在心灵上的沟通是怎样进行的？是什么原因造成他们“心有灵犀”“心心相通”的呢？这些也正是科学家努力探求的问题。

被密封 5 300 年的“冰人”

阿尔卑斯山南部冰雪半融的高山上，法医专家雷莫纳·汉恩发现了一个冰人，冰人的皮肤、内部器官甚至他的眼睛依然保持完好，这个冰人是一具最古老的完整无缺的人体。

在阿尔卑斯山南部发现的冰人，是一具最古老的完整无缺的人体。科学家们正在研究冰人和他那些令人惊奇的复杂的工具的线索：古人在 5 300 年前是如何生活的。

当看见一把尖刀般的打火石时，雷莫纳·汉恩就意识到他们从冰中挖掘出的人体可能是现代考古最重要的发现。被发现的冰人穿着鹿皮衣和草披肩，在附近是他依旧保持着原貌的工具：弓和箭、一把铜斧和其他工具。据考证，这个冰人已经被密封在阿尔卑斯山希米龙冰川中大约有五千三百年了，是至今发现的最古老、保存最好的人体。

冰人身高有 1.76 米，重 50 千克左右，右耳垂有一个深深的洞，说明古埃及人穿耳索，身上多处皮肤都有十分好看的刺花纹：背上有 14 条细刺纹、脚上和身上都有多处纹身标志。

康纳德·斯宾德表示：“这不像现代装饰性的刺花纹，这些纹身必定有其特殊的含义。这些纹身很可能是用针刺皮肤后，然后将灰抹擦或用颜料抹擦到伤口上制成的。但是没有办法进行印证。

对冰人的物理检验，会不利于其完整保存，因而研究人员在研制一种高效能计算机——允许他们全面研究冰人而又不必碰触木乃伊本身。专家们利用计算机的轴向层面X射线照相技术扫描得到了三维立体图，并可以在计算机显示屏上观察到冰人的骨骼和器官。结合计算机辅助绘图程序的一台CAT能够将此数据创制成三维塑料骨骼，即精确的原始器官的复制品。据英斯布鲁克大学生理系主任瓦纳·普拉兹介绍，这名男子死亡时侧身向左边倾斜，右臂伸出放在其臀部，身上唯一的饰物是5厘米的皮饰的白玉石圆盘，有4个7.62厘米长的带子在他的左脚上部，有一个十字形打点在其左膝盖上。从他磨损的牙齿分析，科学家提出他的食物中极可能包括磨料面包。从他外衣中还发现了两粒远古麦子，这两粒麦子可以有力地证明他生活在靠近阿尔卑斯山脚下低地耕作社会。

大约在7 000年前，新石器时代的欧洲人就开始进行土地耕种。最初的农民将森林开辟为耕地，他们也依然从事狩猎和钓鱼，最终成为熟练的半游牧民族。冰人正好同时反映了耕作与放牧这两种生活。因为无法对冰人进行更为详尽的研究，只能把遗体放到英斯布鲁克大学实验室，妥善地保护起来，与此同时开始对他的附属物展开研究。在德国美因兹市罗马—德国中心博物馆，考古学家马科斯

· 艾格对冰人的皮制物品进行了除油脱水处理，又将草编手工制品消除湿气制成干制品，它的木制品也被清洗并上蜡防腐。在冰人的木制品中，要数尚未雕琢修整好的长弓最为显眼，它是用紫杉树心制成，时至今日，紫杉树依然生长在冰人被发现的地方——希米龙冰川下的山谷之中，传闻这个山谷是制造高质量弓的地方。冰人工具中还有一个 U 形箭筒，这是世界上最古老的用榛木制成的箭筒。箭筒中有 12 支箭杆和两支精细加工的箭，顶端有特制的尖尖的打火石，上面含有从煮沸过的白桦树根取得的树胶。在冰人的所有工具中，最令科学家惊奇的是它的铜斧，这把斧子的斧刃大概 10 厘米，有明显的锻造加工痕迹，可以说这把斧头同时代表着两个时代。经过 X 射线检查，箭筒的内部有一球状绳子、一支鹿角，这些工具的具体用途尚不知晓。根据冰人携带的工具，和对周围许多动物粪粒样东西的化验分析，科学家提出冰人可能是个牧羊人，他之所以来到这个山谷是为了削一只新弓。但正赶上暴风雪，为了寻找躲避的地方而筋疲力尽，在恶劣的天气条件下熟睡在山谷的壕沟中，结果造成冰冻死亡。至于更为具体的细节还需要进一步研究。随着技术的进步和科学家们的不懈努力，冰人的秘密将逐渐揭开。

胎儿的奇异功能

人体呼吸系统的主要器官——肺，总是在不停地吸入新鲜空气，然后把空气中的氧气留下来，再把身体产生的废气（主要是二氧化碳）排出去。

人在出生之前，肺里边一点儿空气都没有，而且肺里还灌满了“肺液”。所以到出生时，麻烦就来了。首先，必须先把肺里面的水弄走；其次，还得让肺张开，这需要婴儿自己能吸气才行。

胎儿肺里的肺液，少的有六七十毫升，多的足有一二百毫升。可是婴儿一出生只要一吸气，这些肺液又都不见了，它们跑到哪里去了呢？

经研究医学家发现婴儿第一次吸气很用力，进入到肺里的空气增多，再用力呼气，把肺里的肺液往上赶，肺的淋巴管马上就会把肺液吸走。这么几次呼吸之后，余下的肺液就收拾干净了。这种说法立刻招来其他医学家的反对。反对的理由众多，可是直到现在，医学家还不知道婴儿肺里的肺液，究竟是怎样排除的。

人类的外激素——费洛蒙之谜

一个陌生人与你仅一面之缘，却在你短暂模糊的记忆里留下了深刻的印象，甚至影响你心情，为什么会这样呢？最近的科学研究终于揭开了这个谜底，原来那看不见摸不着的东西就是人类与生俱来的外激素——费洛蒙。

费洛蒙是生物体分泌的交换讯息的微量化学物质，瑞典湖丁大学附属医院的科学家发表的关于费洛蒙确实会对人体产生影响的研究成果，终于揭开了人类是否具有外激素的科学之谜。

自古以来就存在异性相吸的现象，这除了是一种原始的本能之外，是否也是因为费洛蒙在起作用？

科学家分别让 12 名男子和 12 名女子嗅一系列气味，一种是普通的空气，一种是香草香精，再一种是跟人体雄激素或雌激素类似的化学品。科学家埃文卡·撒维斯与其同事发现闻过雄激素或雌激素类似的化学品的男子和女子，都会出现脑部下视丘血液流量增加的现象。

20 世纪初，法国科学家布尔开始研究昆虫费洛蒙。其后，德国化学家布特南于 1959 年提炼出第一个费洛蒙分子——家蚕醇。1987 年，加拿大籍科学家斯特希发现雌性金鱼在繁殖排卵之际能同时释放出费洛蒙，这是人类首次发现脊椎动物也能释放费洛蒙。

人类心脏可能有记忆

传统医学认为只有大脑才具备记忆功能，心脏不具备这项功能。但有一个事例却使这个结论受到了质疑。

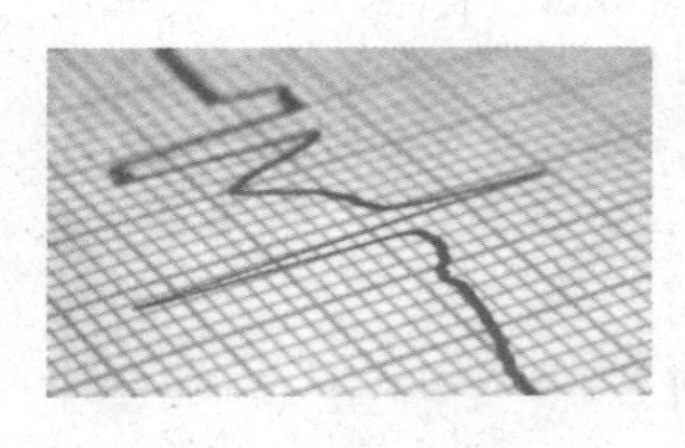

新心脏，新性格

在美国，40 岁的退休货车司机杰姆·克拉克从来不曾给妻子玛吉写过一封情书，因为他 15 岁就离开了学校，没受过多少教育。

所以当有一天，杰姆突然坐到桌子前，开始给妻子写下一行行的情诗，表达细腻的情思时，连他自己都感到震惊。就在半年前，杰姆刚刚接受过心脏移植手术，他确信自己写诗的“怪癖”来自那颗移植的心脏，因为捐赠者一家都爱写诗。根据科学统计，在第一例心脏移植手术实施后的 40 年里，每 10 例接受换心手术的病人中，就有一人会出现性格改变的现象。

心脏是否拥有记忆功能

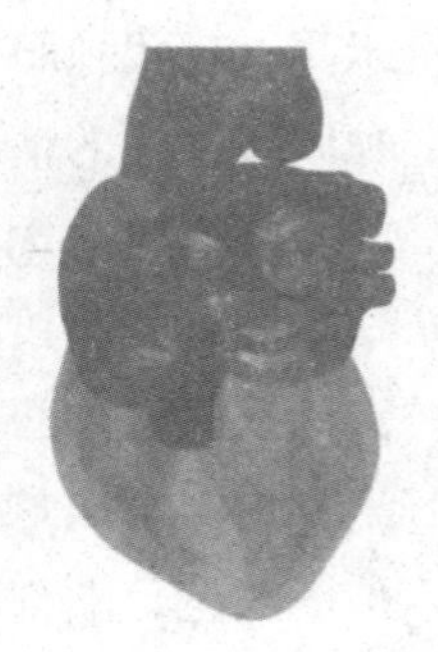

美国加州心脏科学协会的专家也深信：心脏并非一个“泵”那么简单。他们最近发现一种具有长期记忆和短期记忆的神经细胞在心脏中工作着，并且它们还组成了一个微小但却复杂的神经系统。但“心脏具有记忆”的观点目前仍未获得主流医学界的认可。

相貌和身体怪异的人

沉鱼落雁、闭月羞花、倾国倾城、美如冠玉、其貌不扬、尖嘴猴腮……这些都是形容人的相貌仪表的词语。人们根据自己的审美标准来衡量一个人的长相。不过，有些人的相貌很怪异，不能用以往的标准简单来衡量。

在南美洲亚马孙河流域有个40岁的男人，名叫奥鲁加。此人的头部天生畸形移位。他的脸长在背后。巴西国立研究院准备为奥鲁加进行头部朝向纠正手术，但成功率只有50%。

日本科学家于1989年9月21日，在南太平洋斐济以南80千米的卡达吾小岛的浅墓里，发现了一个独眼人的头骨。经化验证明，这个独眼人死于1941年至1944年之间。这个头骨的中央有一个拳头大小的眼窝，就像希腊神话中描述的独眼巨人一样。该头骨有西瓜那么大，此人起码有1.8米高。现代独眼人头骨的发现，将改变人们不敢确信是否曾经有过独眼人存在的情况。

2006年3月，一个外貌奇特的婴儿出生于尼泊尔查理库特地区，这个婴儿由于没有脖子，他的整个头部完全凹陷于他的上身中，巨大的双眼格外凸出，似乎即将涨破他臃肿的眼窝，他的双耳分裂成4半，像4个肉球粘在头部两侧，远远望去他就像一只白色的青蛙。他的降生，立刻在当地引起了轰动，无数居民纷纷赶至医院，他们好奇而又困惑地围在婴儿身边，仔细查看该男婴的怪异特征，谈论着他的异常外表是否与迷信中的妖魔鬼怪相关。然而不幸的是，婴儿在出生 1 个半小时便夭折，医院方将这个噩耗告知他的母亲后，便将这个青蛙人留在医院，作为检查和研究之用。婴儿的母亲之前生育了两个正常的女儿，她在怀孕期间并未遭受任何疾病侵袭，也没有任何异常情况发生。

一些人长得很正常，但身上却有怪异情况发生。美国旧金山市有一位妇女，名叫贝佛莉。她的趾甲上长出一种可以制成钻石的物质——碳形水晶。

上海市金山县兴塔乡发现了一个“脱壳”人。她叫吴娟妹。她自 3 岁起开始“脱壳”，每年一至二次，至今已有二十余载。“脱壳”时间一般在冬、夏两季。“脱壳”时，她会全身肿胀，发高烧，然后处于半昏迷状态，昏睡三至七天不进水米，最后从头顶到脚底全身脱去一层皮。脱皮 3 天后便能起床，慢慢长出新皮，新皮呈鲜红色，15 天恢复常态。她虽有此病，但发育正常，能做各种农活。吴娟妹 16 岁发病时曾到上海某医院治疗，医生诊断为“泡疹样浓泡症”，住院治疗了 3 个月，仍无效果。至今医学界对此病还没有一个好的治疗方法。

人类长寿的秘密

在给老人拜寿的时候，人们常常会说“长命百岁”“寿比南山”等一些祝福的话语。千百年来，长寿一直是人们孜孜以求的目标。那么，人的寿命究竟应该是多长呢？长寿的秘诀又是什么呢？这些都是遗传学上长期未解的难题。

中国历史上不乏长寿之人，他们的寿命之长让我们惊讶。据福建省《永泰县志》卷十二记载：永泰山区有位名叫陈俊的老人，字克明，生于唐僖宗中和元年（公元881年），死于元泰定元年（1324年），享年443岁。陈俊的子孙“无有存者”，故生活由“乡人轮流供养”。如果这一记载属实，那么，陈俊老人将是我们所知道的人类中寿命最长的人。

那么，如何才能够长寿呢？从人类遗传学角度来看，人的寿命除与良好的生活习惯有关外，也与人自身的遗传基因有密切联系。有一些不幸的遗传病患者，他们生下来就患有早衰症，不足10岁便形同老翁，发育迟缓，患有各种疾病，几乎活不到20岁。当然，环境对细胞的分裂生长也有重大影响。比如：X射线照射等都不利于人类长寿。长寿是人类种族繁衍过程中的重大问题，很多科学家正在为解开长寿的奥秘而进行着不懈努力。

长寿是人类长久以来不断追寻的话题

人体衰老之谜

目前世界上已知人类的长寿冠军是英国人弗姆·卡恩，活了200岁。科学家指出，人类的自然寿命应该是100岁~150岁。但迄今为止，人类的平均寿命也不过74岁。

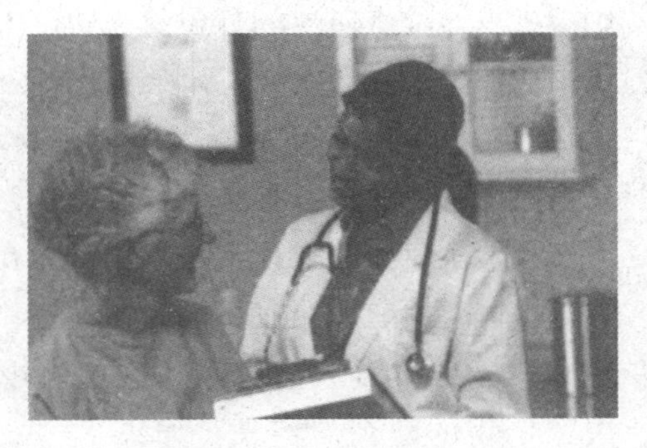

日常生活中，人体由于受到各种射线的辐射、服用化学药剂，以及食物中含铁量过多等因素的影响，体内会积累有害的自由基。这种自由基是导致人体衰老的罪魁祸首。有些科学家认为，细胞老化是因为细胞中产生了一些导致老化的物质。美国洛克菲勒大学的细胞生物学家尤金尼亚从人体结缔组织细胞中，分离出一种特殊的蛋白质，这种蛋白质只是在老化的、停止分裂的细胞中才存在。她认为，这种蛋白质就是细胞老化的产物。也许正是这些老化的物质最终“杀”死了细胞。

遗传基因变质

日本名古屋大学教授小泽高与澳大利亚蒙纳修大学教授安索尼·利内因等人合作研究查明，存在于细胞内部为细胞提供能量的线粒体，其遗传基因很容易发生突变，变异的积累很可能是人体老化的原因之一。在研究酵母时发现，细胞核内遗传基因的突然变异率为每1 000万个～1亿个细胞当中有一个。而线粒体遗传基因的突然变异率竟高达每10个～1 000个细胞当中就有一个。

决定人寿命的蛋白质

有的科学家发现，决定生物寿命的是一种蛋白质。日本东京医科牙科大学的米村勇和信川大学医学部附属心血管病研究机构的罔野照组成的研究小组，从果蝇体内发现了决定生物寿命的蛋白质。该小组培育出了长命系（寿命52天）和短命系（最长寿命35天）两个系列的纯系果蝇，然后寻找它们的差别。试验结果发现，有一种长寿蛋白质在长命系的果蝇体内大量存在，而在短命系果蝇体内则极少。这种蛋白质的分子量为76 600。试验表明，如果将少量的蛋白质掺入果蝇的食料中让其进食，短命系果蝇的寿命能延长到41天，而长命系果蝇的寿命能延长至61天，而且，即使死亡前喂食这种蛋白质，也能达到延长寿命的目的。同时，该小组还研制出一种对抗长寿蛋白质的抗体。结果确认，在老鼠和人的胎儿中，早期也有与抗体起反应的蛋白质。专家认为，这种蛋白质只在发生细胞分化时，与身体形成有关，从而决定生物的寿命。将来，如果能弄清这种蛋白质的机制，研究长生不老药的梦想有可能变成现实。有的科学家发现人体衰老的主要诱因是线粒体脱氧核糖核酸基因受损。DNA受损与人类衰老似乎有千丝万缕的联系。因此，科学家认为如果能对DNA以药物或手术手段来加以保护，应该也有可能延长人类的寿命。

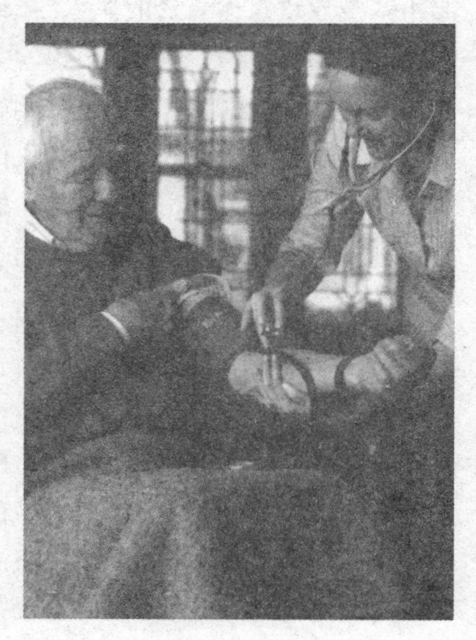

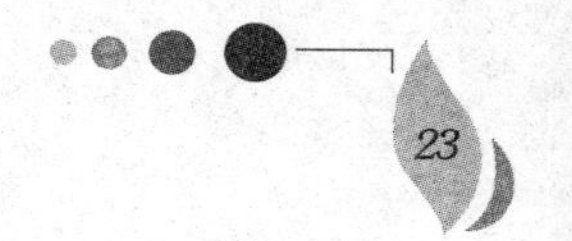

人体经络之谜

早在我国两千多年前的医书《黄帝内经》中就有对人体经络的详细记载。中医学上将经络看成血气运行的通道，而且是联系体表之间、内脏之间以及体表和内脏之间的枢纽。

经络学说是中医学的基本理论之一，虽然其临床疗效已被多数人承认，但经络是否存在，它究竟是人体的什么结构等问题依然困扰着人们。

我国学者认为经络的传感速度介于神经传导和内分泌传导两者之间，是协调体表与内脏之间的未被人们了解的系统，它能与神经系统和内分泌系统一起调节全身各组织间的平衡。

近年，我国科学家又提出经络是光子流的观点，即人体内部可能存在着一个生物光子系统，它在生命信息、能量的传输交换等生理活动中起着非常重要的作用。

有关经络的各种问题人们众说纷纭，但都拿不出足够的证据。经络的物质基础问题还有待医学、物理学、化学、生物学等各学科专家进行深入研究和论证。

人体流泪之谜

流泪是人类一种天生的本领，是一种自发的本能。但你知道吗，在所有灵长类动物中，人是唯一一种会哭泣流泪的动物。

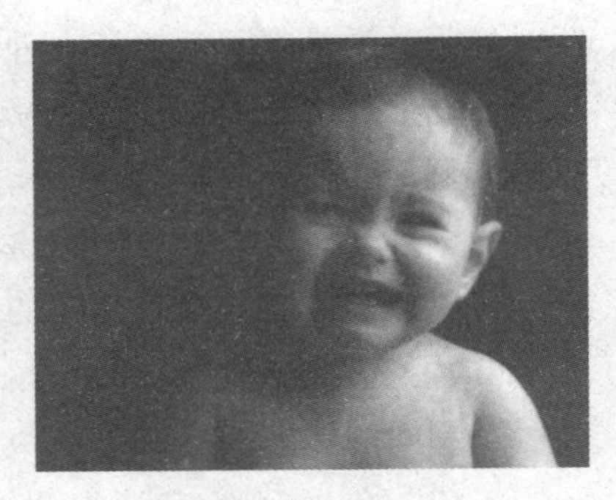

美国人类学家阿希莱·蒙塔戈认为，流泪对人体十分有益，因而能被一代一代地保存下来，人会流泪正是适者生存的证明。

美国心理学家佛莱将流泪分成反射性流泪和情感性流泪。流泪可能是一种排泄行为，它可以将人们因感情压力所造成的毒素排出体外，使流泪者恢复心理和生理上的平衡。

为什么灵长类动物中只有人类会流泪，英国人类学家哈代解释说，在人类的进化过程中，有一段几百万年的水生海猿阶段，人类身上至今留有这一阶段的痕迹。例如，人类的泪腺会分泌泪液，且泪水中含有约0.9%的盐分，这与海豹、海狮、海鸟的特征相同。但这一说法目前还缺乏可靠的科学依据。

也有人对此种说法提出质疑，水生海猿阶段应该在灵长类出现之前，可是灵长类的其他动物为什么不会流泪呢？

胃的消化功能之谜

众所周知，我们的胃拥有强大的消化功能。不但一日三餐不在话下，甚至连一些金属也能“通吃”。早在两个世纪以前，研究者就提出了这样的疑问：“胃既然能消化所有食物，为什么不能消化自己?”

1836年，德国科学家施旺第一次发现胃液中有一种胃蛋白酶。后来，人们又查明了胃液中胃蛋白酶和盐酸是由胃壁细胞分泌的，胃液的PH值高达0.9，可以很轻松地溶解金属锌。这样的强酸难道不会损伤胃壁吗？美国的德本教授曾作过一个试验，他把从人体切下的小块胃组织放入含有盐酸和胃蛋白酶的人工胃液中，在37℃的恒温条件下，这块胃组织的80%被溶解了。试验表明，胃组织能够被胃液所消化。但令人奇怪的是，胃在人体中却稳如泰山。它为什么没有被胃液溶解了呢?

科学家经过研究发现：胃壁细胞表面有特殊的脂类物质，是它保护着胃壁细胞不受胃液的侵蚀。另外，科学家还发现胃壁细胞更新速度惊人，即使胃壁受到损害，它也能很快地进行自我修复。

可是，人类中的胃病患者特别多，有许多胃病的原因却一直无法查明。

人类细胞内蛋白质“废物处理”之谜

在2004年，诺贝尔化学奖被授予对人类细胞如何处理无用蛋白质的研究有重大贡献的两名科学家，这两人是以色列科学家阿龙·西查诺瓦·阿弗拉姆·赫尔什科和美国科学家伊尔温·罗斯。

科学家发现，有一种被称为泛素的多肽在清理衰老蛋白质的过程中有重要作用。这种多肽由76个氨基酸组成，它最初是从小牛的胸腺中分离出来的，它存在于不同的组织、生物细胞内，因此被称为“泛素”。对那些要进行废料处理的蛋白质，泛素会主动与其结合。

目前的实验结果证实，这种由泛素调节的蛋白质的遗弃过程在生物体中的作用是举足轻重的。细胞中合成的蛋白质质量参差不齐，泛素就像一位重要的把关员，通过它的严格把关，一般有30%新合成的蛋白质无法通过质量检查，而被处理销毁。

蛋白质是自然界中最复杂、最令人迷惑的物质之一，生命过程中几乎所有的环节都需要蛋白质参与。蛋白质的生命历程还有许许多多的谜，需要我们去探究。

人体痛觉之谜

人们从出生起就伴随着各种各样的疼痛。据医生统计，人们遭受的疼痛种类大约有一千多种。痛觉是有机体对具有伤害性的刺激的反应。

疼痛的产生

当疼痛达到一定强度时，人们会出现肌肉收缩、呼吸暂停或加快、出汗等症状。当暂时性疼痛转化成慢性疼痛时，就会因疼痛出现情绪上的较大起伏，影响患者的工作和生活，有的人甚至自杀以寻求解脱。可对健康来说痛觉并不都是坏事，它是疾病和危险发出的一种警报。科学家认为当人体某一部位受伤，会随即释放出一些化学物质，并产生疼痛信号，人们也就感觉到了疼痛。

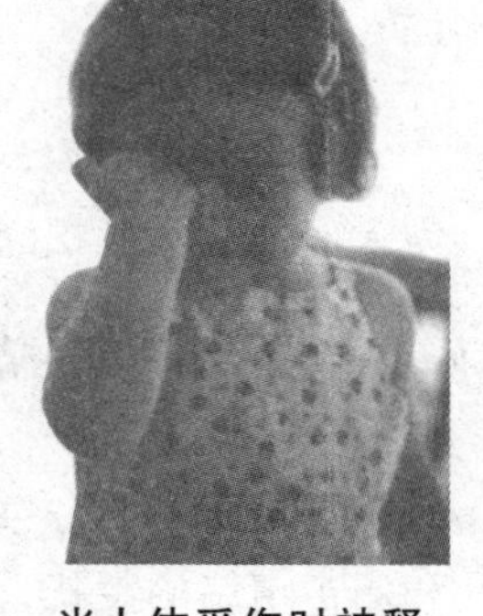

当人体受伤时被释放出的化学物质主要是特殊蛋白质和前列腺素等，它们刺激神经末梢，使疼痛信号从受伤部位传到大脑

对待疼痛的不同反应

但奇怪的是同一个人在不同的情况下对疼痛可能会做出不同的反应。在战场上受伤的战士仍可以毫无知觉地继续作战，可他也许会在牙科医生检查牙齿时紧张得发抖，这是为什么呢？科学家认为神经系统只能处理一定量的感觉信号。当感觉信号超过一定的限度时，脊髓中的某些细胞就会自动抑制这些信号，这时疼痛信号不易被传递，所以人们对疼痛的感觉就会降低。

但是，人体内引起疼痛的物质和抑制疼痛的物质是如何相互影响的呢？人类最终能否加以利用呢？这些仍是生理学上的未解之谜。

人类生命轮回之谜

自古以来，人们就对生命进行了不懈的探索。比如追求长生不老，或者此生行善积德，祈求进入天堂或者来生有更好的命运。

很多宗教认为，生命是有轮回的。并且认为一般的人仍会轮回为人，依其此生福泽而在轮回之后会有身世的高下之分。

凯瑟琳的故事

1980年，有一位27岁的名叫凯瑟琳的女子，因受到焦虑、恐惧和痛苦情绪的侵扰，求助于一位耶鲁大学的心理学博士为她进行治疗。这位心理学博士用催眠法追踪她童年时所受的伤害，想以此来找出诱发凯瑟琳病症的原因。令这位心理学博士没有想到的是，他所进行的这次催眠居然意外地催眠到了凯瑟琳的前世。

凯瑟琳在催眠状态中，说话毫不迟疑，对于前世身边的人的名字和他们交往的时间、当时的穿着服饰、周围的树木等等的描绘都非常生动。她并不是在幻想，也不是在杜撰故事，她的思想、表情，对细节的注意，无不细微备至，让心理医生无法否认其真实性。

凯瑟琳自述说自己在地球上已经生生死死经过了八十多个轮回。但催眠治疗中，她只提到了前后出现过的 12 次轮回，而且有几次是重复出现的。在催眠中，她说：她曾是埃及时代的女奴、18 世纪殖民地的居民、西班牙殖民王朝下的妓女、石器时代的穴居女子、19 世纪美国维吉尼亚的奴隶、第二次世界大战的飞行员、被割喉谋杀的荷兰男子、威尔斯的水手并曾在船上作业时受伤、参加大姐婚礼的小女孩、生活在 18 世纪目睹父亲被处死刑的男孩……她栩栩如生地描述了她各个时期生活时的景象。心理医生对凯瑟琳进行了测谎后确定她并没有说谎。

神秘的转世轮回

凯瑟琳说，人的每一世死亡的情形都很类似。人死后会觉得自己已经浮在身体之上，可以看到底下的场面。人通常会在死后感觉到一道亮光，继而可以从光里得到能量，接着被光吸过去，光愈来愈亮。人飘浮到云端，接着就感觉到自己被拉到一个狭窄温暖的空间，她很快要出生，转到另一世。

大多数科学家、心理学家、医学家对此都全盘否认，认为这是精神不正常或是心理幻想的表现，也有人认为这是迷信的说法。

当今社会已经进入了一个发生巨变的时代，人类正在以前所未有的勇气开拓新的研究领域。人类现有的科学工具对转世再生的研究还不适用，这个未解之谜只有留待未来的人们去探索了。

人体散发幽香

如今，我们随处可见散发着香气的女性，但是，她们之中绝大多数人都是喷洒了香水之后才散发出香气的。而有一些奇特的人，在不喷洒任何香水的情况下，他们的身体也会散发出阵阵幽香。

身体散发幽香的古代美女

西施是我国古代有名的四大美女之一，她的身体能够散发香气，所以被越国大夫范蠡选中送给吴王夫差，以施展美人计。唐玄宗于开元二十八年遇一美姬，香气袭人，封为贵妃，此人便是杨贵妃。香妃是新疆喀什人，因体有奇香，一下子就迷住了乾隆皇帝，被封为容妃。

人体“丹香”

从古至今，据说气功界修炼有素的人能散发一种神秘香气，被称为“丹香”。从历史记载看，元代道家气功大师邱长春“羽化”后，其遗体“异香终日不散”。现代崂山道士匡常修，身上也能散发类似檀香味的清香。

人体“丹香”现象目前仍是一个未解的谜团，对这方面的探索还在进行之中。

没有指纹的神秘家族

随着科技的不断进步，如今指纹已经发展成为辨别个人身份的一个重要依据。但台北有一个神秘的无指纹黄姓家族，连续五代成员因家族遗传基因，导致双手、双脚出现无指纹症状。经指纹鉴定专家亲自采集后，认定是台湾省首例遗传性无指纹家族。

一切源于遗传

没有指纹的男子姓黄，大约五十余岁，他的老家在宜兰，他在台北县的一间庙宇当庙祝。他表示，37 年前当兵按指纹卡时，发现自己没有指纹，返家询问后得知其祖父、父亲和大哥都没有指纹。

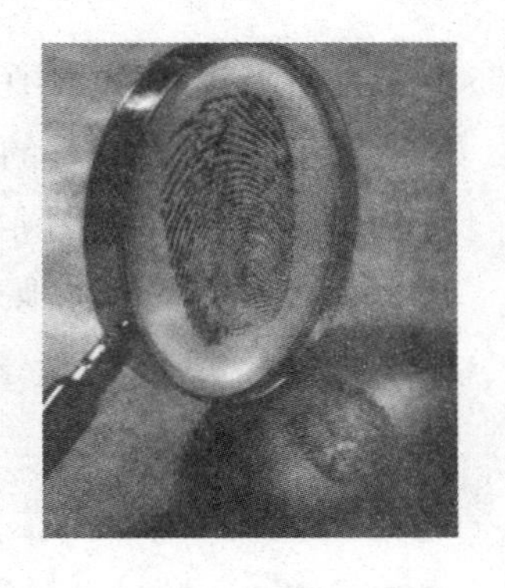

无指纹属限行遗传症状，但在遗传疾病上这种现象却十分罕见

无指纹源于基因突变

指纹鉴定专家闻讯后也亲自前往了解情况，证实他从年轻时起就是没有指纹的，其子仅双手大拇指上半部有模糊纹路，其他手指全没有指纹，而孙女的双手则完全没有指纹。

相关的专业人士指出，遗传基因突变导致了黄姓一家五代人都没有指纹。而一般人可能因工作需接触腐蚀性物品，导致指纹遭侵蚀产生无指纹症，但一般在一段时间过后指纹就会复原。

神奇的意念

意念具有神奇的力量。一些临床医学专家们经过长期的观察和研究发现，人们通过想象，可以提高免疫细胞的数量，对患有大至癌症、小到感冒的各种病人都会产生不同的疗效。

意念的神奇力量

有很多现实生活中的例子向我们很好地展示了人的意念的威力。美国有一位脖子长了一个恶性肿瘤的女性患者，医生告诉这位女性，她只能存活三个月，后来在一位精神心理学专家的建议下，她采用了“想象疗法”。她每天静坐在床上，心无杂念，专心想象脖子上的肿瘤是一个恶魔，而自己体内的白血球是十分骁勇的骑士，要将恶魔逐渐消灭干净。就这样每天想象两三次，一年之后，病人并没有死去，而是神奇般地康复了。其实，这就是人的意念在起作用。

意念激发潜能

人类是世界上最高等的动物，也是最难估计的动物，尤其是存在于身体内的潜在能力。这种力量，往往要靠人的意念才能起作用。

如 1988 年，47 岁的柏 · 立弗古太太的儿子切士 · 立弗古正驾车回家，车子突然失控，撞上人行道，全车侧着翻了过来，切士被抛出车外，但右手臂仍被压在车下，他拼命地高呼救命。当时正在屋内接电话的柏·立弗古太太闻讯立即赶往出事现场。这时，她只听见儿子的痛苦呻吟声以及叫她赶快把车子搬开的叫声，立弗古太太来不及多想，以仅仅45千克的身躯就把一辆重达一千五百多千克的车子一下子抬了起来，把儿子救了出来。切士只是右手受了轻伤，而柏·立弗古太太的背部则扭伤了。经过此事后，母子两人同时感到人的潜力无穷无尽。柏·立弗古太太认为，只要当你知道自己心爱的亲人身陷险境时，你就有可能做到一些平时绝没有办法做到的事，而这一切只依赖一个字，这便是“爱”。

随意控制的意念

36岁的杰纳丹是巴尔的摩城人，他的头盖骨可以加热到50℃，而如此热的温度却不会烧坏他的脑子及皮肤。

杰纳丹说他从小开始，只要想一下，头顶就会热起来，父母及医生常在旁边观察，但又无法解释。后来有一个大学生在他的头顶作试验，发现加热一片面包需要25分钟—30分钟。

其实这也是人的神奇的意念在作怪，科学家们已证实了意念有使人体增热的可能。

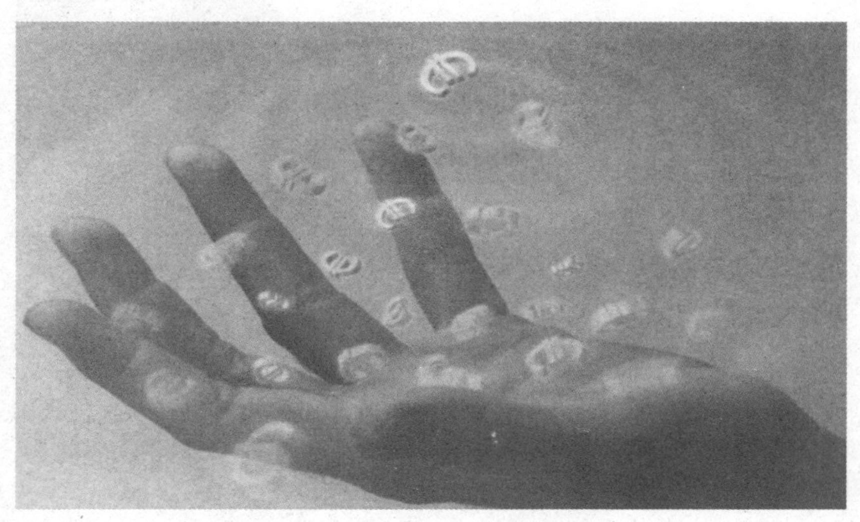

神奇的“托梦”现象

人们常说：“日有所思，夜有所梦。”还有一些较为神奇的现象，就是人们能够从梦中得到某些启示，甚至可以在梦中见到好久不见的人，做成一直想做的事……

梦中破解难题

一般人做梦可能梦醒时就忘记了，而有些则记忆深刻，这种梦很有可能给人们带来很多启示，特别是对一些科学家或艺术家而言。

英国的剑桥大学对此很感兴趣，所以对许多学者进行了调查。调查结果显示，大约70%的学者是从自己的梦中得到的启示。据说，一百多年前的德国著名化学家凯库斯便是因梦中的启示才发现苯分子的结构的。那天，他坐在回家的马车上，突然感觉很累、很困，于是便睡着了。在梦中，他仿佛是进入了碳分子的世界，那些碳分子在他周围来回跳动，丝毫看不出规律。可过了一会儿碳分子却组成了一条

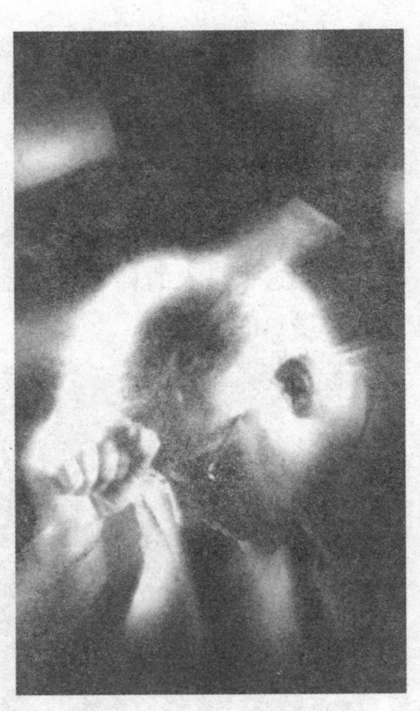

做梦是人体一种正常的、必不可少的生理和心理现象。人入睡后，一小部分脑细胞仍在活动，这就是梦的基础

蛇形的长链，长链不断地摆动着。忽然，这条长链将首尾连接起来，变成了一个圆盘的形状。这时，凯库斯从梦中惊醒，顿时觉得如醍醐灌顶，那个困扰他许久的化学难题终于找到了答案。由此，苯分子的结构才被人们所知晓，苯分子的结构就如同梦中碳分子组成的圆盘一样，它是环状结构的。

神秘的梦中启示

1985 年 5 月 2 日，日本北海道稚内市的市民聚集在体育馆里举行祭灵仪式，祭奠在 4 月 23 日“日东丸”渔轮海难事件中失踪的 16 名船员。有消息说这 16 名船员全部遇难了，无一幸免。

5 月 4 日，按习俗，失踪船员家属之一的松田富美子一家人彻夜守灵。松田富美子始终深信自己的丈夫还活着，因为丈夫在每次出海捕鱼归来之前，她总会梦见自己的丈夫，这次她也做了一个同样的梦。果然，她的梦应验了。她的丈夫二等航海员松田和甲板员池田良助、加川武太朗在大海中漂流了 17 天，竟奇迹般地回来了。

梦的内容是丰富多彩的，充满着奇异的现象。苏联有一个名叫加里娜的女青年出差到基辅，就在她到达基辅的第一个晚上，她做了一个奇怪的梦，梦见母亲病倒了，叫她快回家，当时这个女青年并没有在意。可第二天晚上，她梦见大家在为母亲料理后事。她感到非常吃惊，天一亮就赶到邮电局往家打电报询问。哥哥立即回电

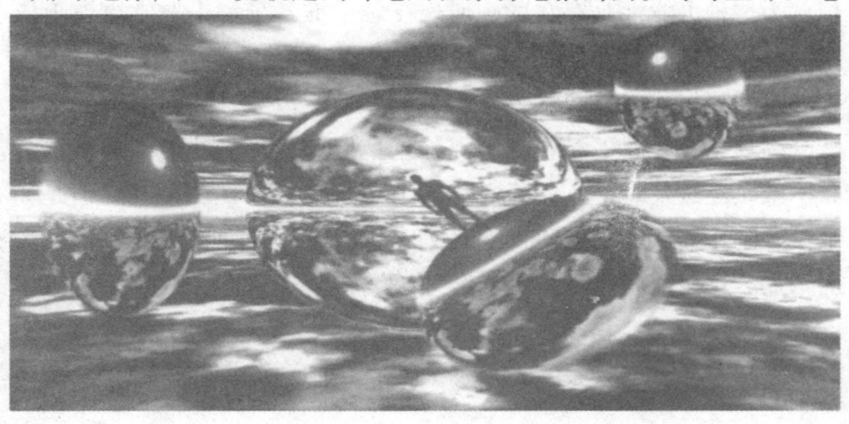

说："母亲病重，速归！"她连忙赶回去，终于在母亲病故前见了母亲最后一面。

还有的人在做梦时感到了危险的临近，正是由于他作了应急的准备，才使得自己化险为夷。至今在俄罗斯的伏尔加河流域的城市中还流传着这样一件怪事趣闻：有一个人进城办事，他带的钱不多，只好住进一家便宜的旅馆。他住在一个单间里，晚上睡觉时一直做噩梦，弄得他心烦意乱，身上总感到特别别扭，也不知为什么。这样，他被这种倒霉的情绪折腾了一天。第二天睡觉时，他的这种感觉更强烈了，他考虑了许久，最后决定把床挪到另一个角落里。就在这天半夜，屋子的房梁突然断了，正好砸在他原来放床的地方。当他被响动惊醒后，看到那一情景时，不由得吓出一身冷汗。后来，当他回忆这段往事的时候说，自己也弄不清当时为什么就把床挪动了，反正在搬床之后，他心里就立刻感到舒服了。由于人们还没有找到确切的证据来说明发生这种情况的原因，所以当地人都说这是他祖先积德才保佑他躲过了这场劫难。

在桑夫兰斯科郊外有所阿拉眉达医院。有一天晚上，院长哈罗德十分清楚地梦见有一架喷气式飞机坠落在医院附近。梦醒之后，他认为这种可能性是存在的，便连夜着手准备了一个非常事态下应急训练抢救计划，并很快交给医院实行。到了 1972 年 2 月 7 日，一架海军的喷气式战斗机不幸在医院旁坠落，数分钟后，医院的救护队赶到现场，并像平时训练的那样迅速展开救护，一切都进行得有条不紊。经过及时抢救，虽然最终有 10 人死亡，41 人受伤，但是如果没有院长梦后那个应急训练计划，这次事故的死亡人数肯定会大大增加。这是哈罗德院长因梦受到启发而做的一件人人称赞的好事。

令人困惑的梦游现象

梦游通常也被称为梦游症。它属于睡眠机能紊乱，是一种当睡眠被打乱时的异常行为。梦游是一种常见的生理现象。很多奇特的梦游现象让人困惑不已，有些现象甚至连专家也无法解答。

各类梦游行为

梦游是个有趣的现象。梦游者在梦游时的行为举止着实让人感到惊诧：梦游者可以爬上陡峭的山坡；可以解出平时不会的数学难题；有的梦游症患者在熟睡之后，还会不由自主地从床上突然爬起来胡说几句，甚至有条不紊地穿好衣服，做起饭来；或跑到外面兜了一圈后，又回来睡在床上，待到次日醒来却对夜间发生的事毫无印象；有的人能在钢琴上弹出动人的音乐；还有人会穿过有玻璃的窗户谋杀犯罪，而醒后也对自己做过的事一无所知。

研究表明，梦游主要是人的大脑皮层活动的结果。大脑的活动，包括“兴奋”和“抑制”两个过程。通常，人在睡眠时，大脑皮质的细胞都处于抑制状态之中。这时倘若有一组或几组支配运动的神经细胞仍然处于兴奋状态，就会产生梦游。梦游者都会试图阻止自己的行为，他们会采取各种各样的措施，如在入睡前把门锁好，藏起钥匙，插好窗户，安上各种装置来随时叫醒自己，有的人甚至会把自己捆在床上，不过当他们睡着后，仍能用奇特的方法摆脱这些束缚，走到户外去。

各国奇特的梦游现象

奇特的梦游事件在各国均有发生。法国有一名警探，奉命去调查一宗谋杀案。该案受害者胸部中弹，因流血过多而死，尸体倒在海滩上。因案件发生在偏僻的海滩上，且时间为深夜，没有目击证人，这给破案带来了极大困难。不过这名警探凭借敏锐的洞察力对现场进行巡视，他从遗留在沙滩上的痕迹发现，凶手没有穿鞋并且右脚仅有四个脚趾。这一发现令他十分吃惊，因为他自己的右脚就只有四个脚趾，更可怕的是，他本人患有梦游症。随后他将射入受害者身上的弹头取出来进行化验，结果证实正是自己使用的子弹。这位警探立即向警察局投案自首。因为他是在梦游症发作时误伤人命，所以法庭判其无罪。

据相关数据显示，梦游者的人数约占总人口的1%～6%，其中大多是儿童和男性，尤其是那些活泼而又富有想象力的儿童，大多都出现过数次。并且患有梦游症的成年人大多是从儿童时代遗留下来的。在进行梦游症治疗时，需要心理治疗和药物治疗同时进行。应该去除不良的精神因素，消除焦虑、恐惧和紧张的情绪，改善其环境，使其注意劳逸结合和体育锻炼。

胎儿缘何会在母体内啼哭

人们都知道胎儿在母体内发育到一定阶段时能够做出一定的动作，如踢腿、玩弄脐带等，那么你知道胎儿可以在母体内大声啼哭吗？1977 年在印度尼西亚就发生了一件这样耸人听闻的怪事……

孕妇莎哈萨克娜肚子里的胎儿居然能像已出生的婴儿一样啼哭。这一消息震惊了全国，科学家对此也感到十分惊奇。他们不远千里来到孕妇莎哈萨克娜的家，希望能亲耳听一下这一奇特的哭声，并一探究竟。传闻称，总统苏哈托和外交部长马利克以及许多高级军政官员也都曾听说过这个“圣胎”的哭声。

两个月后，这一轰动全印度尼西亚的事终于真相大白。原来这一切都是莎哈萨克娜夫妇有意制造的一场骗局。所谓的胎儿的哭声实际上是从一台微型录音机中发出来的，却使成千上万人上当受骗。

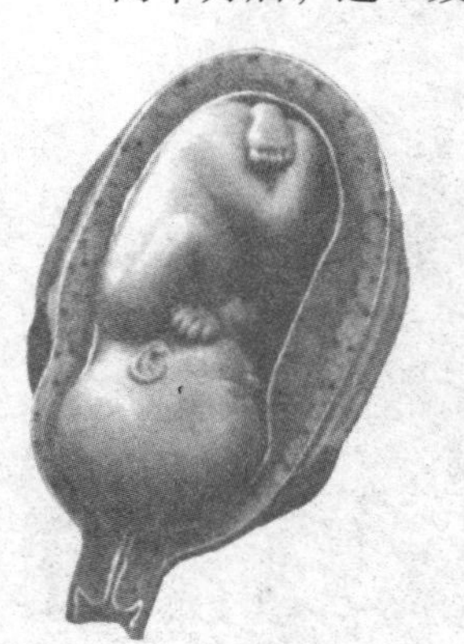

难解之谜

有的人对此类事件深信不疑，也有人对类似事件持怀疑态度。那么，胎儿到底会不会在母体内啼哭呢？他们能否感受到母腹外面喧闹世界的声音呢？这类问题引起了科学家的极大兴趣，并且一直被公众认为是一个难解的谜。

大量事实和研究表明，人类需要改变以往看法，重新认识胎儿。实际上，胎儿能听到母亲吞食和消化食物的声音，也可以感受到外界的喧闹声。为了证实这一点，英国剑桥动物生理研究人员把一个助听器植入一个正处于妊娠期的母羊的羊膜中。结果表明，子宫并不是一个密闭的声音屏障，人们日常的谈话声都可以传入子宫里。

胎儿从第六个月开始便能对外界的刺激作出一定的反应。例如母亲情绪不好时，胎儿也会做出如踢腿等动作表达自己的情绪；母亲在晒太阳时，胎儿同样可以感觉到。当阳光照射到母亲腹部时，胎儿也会作出转头或踢腿的反应。此时的胎儿已具有听力和视力。

胎儿从第七个月起，大脑就开始活动了，此时他们也会动脑筋。胎儿虽然尚未出世，却能通过晃动脑袋、手臂、身体，以及踢腿等动作来表达自己的感情。出生前不久的胎儿的脑电图所显示的脑电波与新生儿的脑电波极其相似。

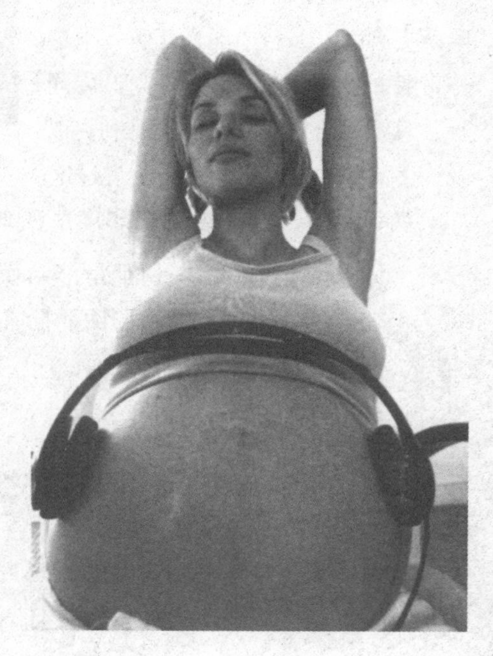

通过研究，人们已能初步揭示胎儿生活的奥秘。于此同时胎教也愈来愈受到重视。胎教主要指孕妇自我调控身心的健康与欢愉，为胎儿提供良好的生存环境；同时也指给生长到一定时期的胎儿以合适的刺激，通过这些刺激，促进胎儿生长。不过关于胎儿为什么会啼哭等疑团，仍有待进一步的探索和研究。

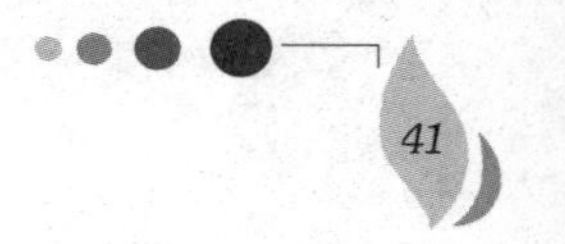

人体“第三眼”揭秘

神话传说中的许多神仙都有 3 只眼睛，除了一双与正常人相同的眼睛外，还有一只眼睛，这只眼睛通常长在额头上，最重要的是，这只眼睛通常都具有无上的神力。神话终归是神话，与现实不同。不过你知道吗？事实上，普通人也同样长着 3 只眼睛……

发现“第三只眼”

关于第三只眼的说法由来已久，在东方的许多宗教仪式上，人们习惯在双眉之间画上第三只眼。希腊古生物学家奥尔维茨在研究大穿山甲的头骨时，在它两个眼孔上方发现了一个小孔，经反复研究，这个小孔被证明是退化的眼眶。研究结果表明，人类的确有第三只眼睛，实际上这只额外的眼睛已离开原来的位置，而且拥有另外的名字——松果腺体，它深藏在大脑的丘脑上部。它已经变成一个极为独特的、专门的腺体，人体中除了松果腺体以外，再也没有其他腺体具有星形细胞。星形细胞在大脑半球中含量十分丰富。但为何腺体和神经细胞会盘根错节地缠绕在一起，人们至今尚不清楚。

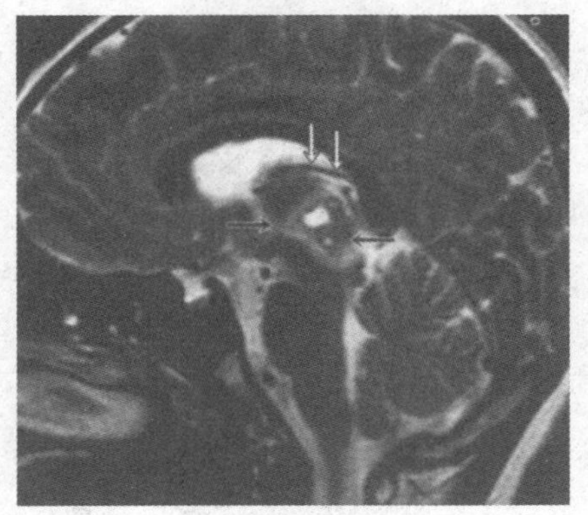

记忆能否被移植

移植原义指将植物移动到其他地点种植，后引申为将生命体或生命体的一部分转移，将身体的某一部分，通过手术或其他途径迁移到同一个体或另一个体的特定部位，并使其继续存活的方法。植物移植较为普遍，但是你听说过记忆也可以移植吗?

传统心理学认为记忆就是人们在过去生活中不断积累的知识与经验在大脑中的反映。那么，人们所拥有的记忆信息是大脑的哪个部位储存起来的呢？这些记忆信息能够被移植吗？

各国移植记忆实验

1978 年，德国科学家马田从训练过的蜜蜂的脑中提取出记忆蛋白，将其移植到没有接受训练的蜜蜂脑中，结果发现这些蜜蜂就像受过训练的蜜蜂一样，每天也能定时、定向飞到放有蜜糖的蜂房内就餐。

荷兰化学家戴维德曾尝试在老鼠身上进行移植记忆的实验。他将从某只老鼠的大脑中分离出的一些记忆物质，移入另外一只老鼠的大脑中，实验结果表明，接受移植的老鼠的记忆状况和感受能力都有了改变。这一实验结果令科学家们兴奋不已，并轰动了整个欧洲。

不过目前情况下，将一个人的大脑记忆移植到另外一个人的脑中尚不可能，或许某一天，人的记忆真的可以移植。

奇异能力

QIYI NENGLI

磁铁人之谜

尤里·凯尔涅赛曾是苏联伏尔加城的一名矿工。但由于矿主害怕他身上那强大的磁力引起矿井倒塌，给矿上作业带来灾难，所以强迫这位身强力壮的矿工离开他工作了 39 年的矿山。

与日俱增的磁力

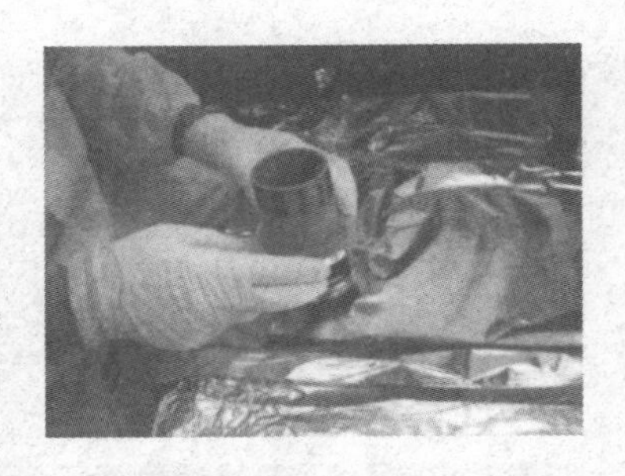

尤里身上的磁力并不是与生俱来的，而是在几年前才发现的。他回忆说："起先这种磁力并不强，只有当我放东西时，才会感到金属物体像要黏在我的手上似的。但后来，这种情形越来越明显，我似乎很难扯下那些黏在身上的物体。为此，我有好几次被飞过来的锅盖打在头上。甚至有一次，一把小刀从厨房飞来，戳在了我的身上。"而现在，在他身边 1.5 米以内的金属物体都会飞起来黏到他的身上。

磁力从何而来

高级研究员瑟奇·弗鲁明医生对尤里的"病状"进行了研究。医生认为：这很可能是由于他几十年来在高磁力的铁矿上工作造成的。但在铁矿上与尤里具有同样工龄的人大有人在，为什么在那些人的身上没有这么强的磁力呢？可见，尤里的体内一定还隐藏着什么特殊的因素，也许这些因素才是他身上产生强大磁力的原因。

不知寒冷的人

研究表明：如果在－40℃的时候不穿衣服，不管身体多么强壮的人，也活不过15分钟。可让人惊奇的是，世界上有极少数生来就不怕冷的人。

不怕冷的小男孩

在意大利海滨城市雅斯特的大街上曾发生过这样一件事：人们纷纷向巡逻的警察报告说，有一个只穿游泳短裤的小男孩，每天身背书包顶着刺骨的寒风去上学。人们都认为他肯定是受了家长的虐待。

经过一番询问之后，人们才知道这个小男孩从小就不怕冷，冬天只穿件游泳短裤和拖鞋就可以了，而且还必须光着身子。他去过好多大医院，可医生们也弄不清楚到底是怎么回事。

不怕冷的中国孩子

其实，这种数九寒天不怕冷的孩子，在我国也有。

在南京市郊有一个小男孩，一生下来就不怕寒冷。他一年四季不穿衣服，即使在大雪纷飞的冬天，也仍然光着身子在外面玩耍，从来没有伤风感冒过。

在江西安义县，也有一个不怕冷的女孩。她在－3℃的时候，只穿一身单衣服、一双胶鞋，不穿袜子。

为什么这些孩子抗寒能力会如此之强？难道他们体内有一种特殊元素使他们不畏严寒？这其中的奥秘至今还无人能够解答。

神奇的眼睛

在德国的路德维希堡市，有一位名叫韦罗尼卡的女口腔医生。她的眼睛就像显微镜一样，能把物体放大几百倍。她曾把一部32万字的长篇巨著抄录在一张普通的明信片上，由于她是用铅笔抄写的，所以每写两个字就得把铅笔精心地削一遍。

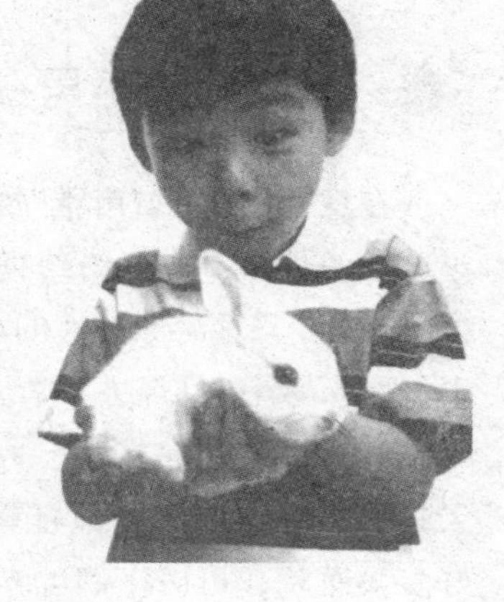

活的显微镜

韦罗尼卡这双得天独厚的眼睛，对她的职业大有帮助，她可以轻而易举地发现病人口腔里的细微病变。但这同时也给她的生活带来很多不便：纸张上肉眼看不见的纤维会阻挡她的视线，妨碍她阅读书籍。她也无法看彩色电视，因为她看到的并不是一幅幅美丽的画面，而是不计其数、五颜六色的杂点。

能透视人内脏的眼睛

解放军某部有位女医生的眼睛能透过人体，可以看见人的五脏六腑、骨骼血液。她看到的东西是立体的、彩色的，胜过X光机、B超仪和CT扫描仪。她小时候最爱看阿姨大肚子里的娃娃，有许多孕妇都找她看胎儿的性别。后来她当了医生，目测诊断的准确率极高。她还能把菊花枝“看”断，把水中的鱼“看”死。

造成这些人有超常功能的原因究竟是什么？虽然科学家通过自己的研究，已经得出了一些结论，但这些结论并不能完全解释产生超常功能的原因，这些谜团还有待于人们作更为深入的研究。

神奇的带电人

有时候，人们和物体接触时会有静电产生，但这种静电现象中的电荷量是很少的，不过也有例外，有的人身上却带有大量的电，以致于影响到正常的生活，这到底是怎么回事呢？

神奇的放电人——保琳

英国女子保琳·肖的身体可以把体内静电储存起来，然后突然把它们释放出来。凡她所接触到的电视机、洗衣机、摄像机、电饭煲等电器均遭破坏。

在一个孤立系统中，不管发生了什么变化，电子、质子的总数不变，只是组合方式或所在位置有所变化，因而电荷必定守恒

人体高压电的危害

人体高压电不仅会给接触他们的人造成伤害，而且还会造成生产事故。美国一家电机工厂在一段时间内经常突然发生火灾，却查不出失火原因。纽约市布鲁克林理工学院的毕奇教授就到工厂测试每一位工人的电压，结果发现其中一位女工身上的静电电压为 3 万伏特，电阻值为 50 万欧姆。当她接触易燃物品时，随时都有发生火灾的危险。

神奇的赤足蹈火

脚底是人体穴位中最集中的部位，神经异常丰富。普通人不要说赤足蹈火，就是不小心被烫了一下，也会疼痛难忍。可是在地中海爱奥尼亚群岛的希腊人居住的村子里，每年都要举行一次最奇特的舞会。歌舞者既不穿防护服，也不穿隔热靴，仅凭一双赤脚，就能在高达几百度的煤块上载歌载舞，据说这是为纪念古希腊国王君士坦丁而举行的庆祝晚会。长期以来，人们对此曾进行过种种猜测和解释，但都不能自圆其说。

寻找答案

德国物理学家长格决心解开这个谜团，于是他在 1974 年亲临该岛，设计了一个有趣的实验：仪式开始之前，他将一种在一定温度下能改变颜色且传热极敏感的特殊涂料抹在一位蹈火表演者的脚上，随后细致地拍摄了表演者在舞蹈过程中的一切变化。人们从他拍下的精彩影片中看到，这位表演者在一块烧红的煤块上行走 4 分钟之后，又站在另一块煤块上达 7 秒钟之久。而当长格把这种特殊涂料淋在煤块上时，其颜色变化显示的温度竟高达 316℃以上，这着实令长格大吃一惊。最后这位著名的物理学家只能无可奈何地说：“无论如何，这在现代的物理学领域中很难找到令人满意的答案。”

另一位人类学家史蒂凡·克恩认为蹈火现象是人的意念支配物质的典型例子，指出这种意念可支配自身神经对周围环境的感觉。然而事实果真如此吗？到目前为止，这仍然是一个不解之谜。

计算奇才的奥秘

古往今来，计算奇才出现过数十人，他们引起了许多科学家的浓厚兴趣。印度的戴维夫人仅用了 50 秒钟，就心算出 201 位数的 23 次方根，而电子计算机计算这个数却需要整整 1 分钟，而且还不包括输入数字的时间。

奇怪的发现

科学家们通过对计算奇才们的研究发现：

一、他们的计算有无法比拟的迅速性、复杂性和准确性。在计算能力方面他们和常人有着本质的区别，其他人经过任何训练也无法达到或接近他们的水平。

二、研究资料表明，计算奇才们根本就不是在“计算”。他们中无论是谁，都说不上自己是怎样算出来的，整个计算过程都在他们的意识之外进行。

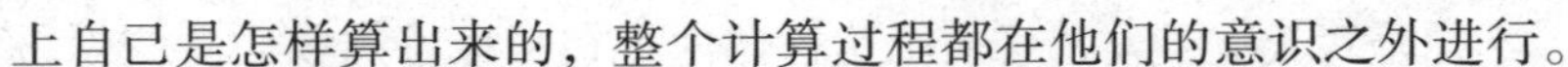

三、计算奇才们的计算速度、计算的复杂性和他们的数学知识无关。在他们中间，有四五岁的小孩儿，也有文盲，更有意思的是，个别计算奇才一旦接受了正规的数学训练，学会了计算方法，他原来那种计算神力反而就会消失，并且再也不具备这种能力了。

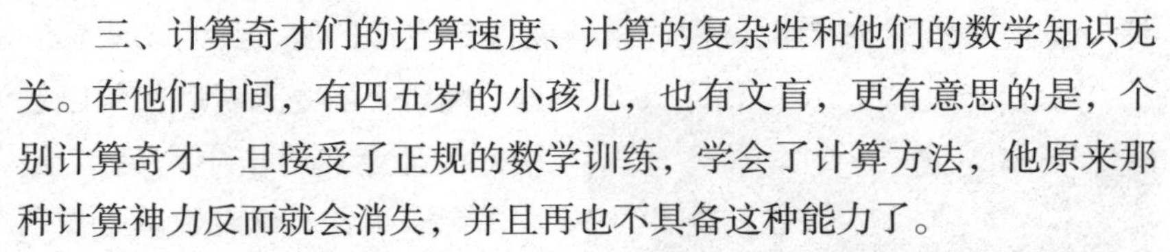

四、计算奇才的某些生理指标与正常人的生理指标相比有较大的偏离。

但人类究竟为什么会有这种超常的功能，目前人们仍在探索。

不断受到雷击而不死的人

不幸的美国人佩戴·乔·巴达松自幼就受过雷击，虽然她当时幸免于难，但从那之后，她的住宅曾遭受过3次雷击，特别是1957年的第3次雷击，她的家全部被烧毁了。

难以逃脱的噩运

等佩戴长大以后，跟一位名叫亚尼斯特·巴达松的男士结为夫妇，婚后在美国密西西比州的乡镇温班·乍尔安家。这时他们仍旧无法逃脱雷神的魔爪，他俩的家在3年内连续被轰击了4次。迄今为止，她竟然遭受过8次雷击。最后发生的那次雷击最为恐怖，当温班夫妇在厨房剥豆荚时，突然狂风大作，雷雨交加，震耳欲聋的雷暴声响震撼了房屋，只见室内被雷击成一片焦黑。当他俩跑出走廊时，发现庭院有受到雷击的痕迹，家犬也不幸“遇难”。受到雷击的地面，竟留下了一条一米深的长沟。

不知是苍天捉弄人，还是巴达松体内存在某种特殊物质，使得雷神频频“发怒”。或者说这种现象纯属偶然呢？目前，我们无法解答这个问题。最令人费解的是巴达松每次都会在雷击中幸免于难。许多专家学者不仅对她总是受到雷击进行探索，也对她能够在雷击中活下来进行了研究，但是两个谜题都未能解开。

嗜煤如命的人

人从出生到死亡，一直都需要用食物补充体内所需的营养物质，但也有一些人似乎对人们认为不能吃的东西也感兴趣，李淑霞就是这样一个人，而她最爱吃的竟然是黑黑的煤炭。从刚刚开始的新奇有趣，到后来的欲罢不能，逐渐使李淑霞偏离了正常人的生活方式。

突如其来的想法

李淑霞第一次吃煤是在 1987 年。她在农村时就特别爱闻煤烟的味儿，后来竟到了不闻就想的地步。别人看到生炉子冒烟就要躲得远远的，可她专门往有烟的地方钻，一点儿也不觉得呛，还特别愿意享受那种味道。有一天，李淑霞突发奇想：既然煤烟味儿这么好闻，那么煤是不是也能吃？于是她找了几块，用水洗洗就放进嘴里，她觉得煤越嚼越香，从此一发不可收拾。

无法解答

她也去过医院，中医、西医都看过，可医生也解释不了这种现象，更无法确诊。

有人问："你吃煤后的感受怎么样?"她说："没什么特别的反应，就是有时候煤吃多了感觉鼻子发干发热，再就是吃煤以后，抽了四五年的烟也戒了。"据李淑霞自己表示，她也希望能有个人给她解释清楚，自己喜欢吃煤这种现象究竟是怎么一回事，最好是能找到方法帮她治好，因为每天吃煤终归不是一个正常人的行为和生活方式。

嗜吃玻璃的人

摩洛哥有个20岁的青年阿蒂·阿巴德拉，他每天要吃掉3个玻璃杯。他说，咀嚼玻璃杯就像咬脆苹果一样爽快。从14岁起到现在，阿蒂已吃掉了8 000个玻璃杯。好奇的人们都以观看他吃玻璃餐为乐事。

突然获得的奇异能力

吃玻璃杯并非这位摩洛哥青年与生俱来的能力。在14岁时的一个午夜，他从睡梦中醒来时，突然有一种特别强烈的想咀嚼硬物的冲动，他随手抓起床边的玻璃杯使劲地咬起来，并将玻璃嚼成碎片，从此玻璃杯成了阿蒂每日必备的特殊“食品”。摩洛哥健康中心的医生从阿蒂的X光片中检查不出任何结果，他的口腔、胃肠都没有损伤的痕迹，也找不到玻璃的碎片。

在印度，库卡尼吞食日光灯管时，就像品尝甘蔗一样津津有味。他经常为观众表演这种“进餐”。观众常自费买来日光灯管供他吞食。

只见他敲去灯管两端的金属接头，抱着玻璃管子就狼吞虎咽地吃了起来，仿佛他不是在吃玻璃管，而是在吃甜脆可口的甘蔗。他一面咀嚼一面翘起大拇指，连说：“好吃，好吃！”医学专家曾用X光仪器和最新技术，对库卡尼进行过全面而细致的检查，但没有发现任何与众不同之处。

不怕毒蛇的奇人

在中国的武侠小说里时常会出现经过多年修炼而百毒不侵的人物，他们不仅能抵御敌人对他们使用的各种毒虫的侵袭，有的甚至还能毒死那些毒虫。世界上真有这样的人吗？答案是肯定的。生活在美国的格兰和生活在印度及南非的“毒人”们用他们的亲身体验证实了这一点。

身体含毒的人

生活在美国匹兹堡的工人格兰，一天被剧毒的响尾蛇咬了一口，可格兰被咬之后，却像什么也没发生一样，而那条咬人的响尾蛇，却没爬多远就死掉了。好奇的人们事后对格兰的血液进行了化验，发现他的血中含有剧毒氰化物，那条有毒响尾蛇是被格兰毒死的。学者们推测，由于格兰的工作使他经常与氰化物打交道，身体里也蓄积了大量有毒物质。任何动物咬了他，都有可能像那条可怜的响尾蛇一样中毒而死。

更让人惊奇的是，现在还有些人专吃毒蛇，而且是生吞毒蛇。在南非的克鲁格斯多普有个名叫列支维·加伦尼的人，他以生吞毒蛇为生。南非的另一个耍蛇人，不但能生吞毒蛇，还能产生毒素。有一次，他跟人发生争执，十分激动地咬了那人一口，结果那人竟中毒身亡了。

这些“毒人”和不怕毒蛇咬的人真是让人们不敢相信，但确实是存在的。这其中的奥秘，人们至今仍弄不清楚。

具有超能力的怪人

苏格兰国王王冠上的斯科思宝石被盗，所有伦敦警察束手无策，赫科斯通过一件工具和一块手表抓到了罪犯。他能够预测火灾的发生，并且在似乎毫无线索的情况下揪出纵火犯。他仅仅在一件外套上抚摸一会儿就可以说出凶犯的所有特征。这是偶然的巧合还是超然的天赋?

宝石被窃案赫科斯初试锋芒

有些人与普通人不一样，他们天赋异禀，具有所谓的超能力

在1950年，曾有一条震惊世界的新闻，世界各地的报纸争相报道，苏格兰国王王冠上的斯科思宝石在威斯敏斯特教堂被盗。离奇的案件总是很难侦破，罪犯作案之后没有留下有利的侦破线索，整个伦敦警察厅在寻宝过程中多次碰壁，为不知情的人们所耻笑。在走投无路的时候，他们找到了一个具有奇异天赋的年轻人，他就是彼得·赫科斯。他与侦探们一起前往伦敦，在盗窃现场他表现出了超人的能力。

在那座举世闻名的大教堂里，警察能够交给赫科斯的仅有的线索就是盗贼随手丢下的一件工具和一块手表。经过几小时的现场勘察以及对盗贼留下的食物碎屑的悉心研究，赫科斯在一张伦敦市地图上逐渐画出一条路线，他满怀信心地告诉侦探那就是盗贼们携带宝石驾车逃逸的路线。这位自称从未到过伦敦的荷兰青年，竟然通过自己的想象一一叙述了他所画路线周遭的建筑物的情况，更加令人难以置信的是他还能翔实地描述出这伙由三男一女组成的盗窃团伙中每个成员的容貌以及他的衣着打扮。事实证明彼得·赫科斯是正确的，三个月后落入法网的窃贼们的情况居然和赫科斯所描述的完全一致。这些是巧合吗？我们不得而知。

火灾将出现，凶犯是个小男孩

除此之外，彼得·赫科斯还有超人的预测能力，他的预言也常常被发生的事实所验证。1951 年 8 月，荷兰内伊梅要根市及其周围的村庄火灾迭起。数星期后的一个晚上，赫科斯告诉他的朋友说另一场火灾即将出现在约翰逊家的农场上。两人一起到警察局报案却遭到质疑。无奈，赫科斯只好用事实让警长相信他的话。他闭上眼睛说出了这位警长衣袋里装的所有东西，才得到信任。在火灾现场勘查时，他无意间在灰烬中找到一把烧焦的螺丝刀。他抚摸了一阵，告诉警长纵火者是一个年龄在 13 岁到 19 岁之间的男孩，赫科斯看完全城所有学生的照片后指着一个富豪的儿子说他就是凶手。警长难以置信甚至觉得可笑。赫科斯说在那个男孩的衣袋里有一盒火柴和一个汽油打火机，那是罪证。然而那个男孩却矢口否认一切。赫科斯说男孩从火场逃跑时左腿被铁丝网刮破。事实即是如此，男孩儿面对铁证，只能对自己的罪行供认不讳。

毫无所获的研究

1957 年，贝尔克心理研究基金会的专家们对赫科斯进行了研究。专家们发现强磁场对他的能力没有任何影响。这位具有雷达般头脑的人，他的惊人天资，甚至比科学还要奇妙。然而，至今为止，人们对于他的神奇能力仍然无法解释。

长生不老的谢尔曼伯爵

古往今来，无数达官贵人为了能够长生不老而耗费巨资。几千年前，秦始皇为了能够寻到长生不老药，曾命手下徐福带了500童男童女，不远千里渡海寻找，然而终未能成。人真的可以长生不老吗？生活在18世纪法国的圣·谢尔曼伯爵却真的维持了长生不老。

无论是达官贵人，还是贫民百姓，每个人都希望自己长生不老。然而终究没有人能够研制出或找到长生不老之方。不过法国的圣·谢尔曼伯爵却是个特例，这是为什么呢？

长生不老的人

圣·谢尔曼伯爵之所以被发现长生不老，是因为在1743年他与法国的谢尔吉夫人偶然邂逅时，谢尔吉夫人对面前见到的圣·谢尔曼伯爵感到十分惊诧，他们已经有40年没有见面了，可是圣·谢尔曼伯爵不但没有变老，反而显得更年轻了。实际上他们上一次在意大利碰面时，伯爵已经是年近50岁的人了。

1784年2月，有人传言圣·谢尔曼已经逝世，1785年，圣·谢尔曼竟在富利召集的一次集会上出现了。圣·谢尔曼为何能够容颜不老，而且越活越年轻呢？是他服用了什么灵丹妙药吗？人们对此一无所知，他的不老之谜也一直困惑着人们。

进化之谜

JINHUA ZHI MI

人类何时诞生之谜

在浩瀚的时间长河中，人类究竟存在了多少年？史学家们针对这一问题进行了一系列的考察。中国史学家们根据“北京猿人”的化石研究，认为人类已有50万年的历史。而国外史学家们根据“爪哇猿人”的化石及坦桑尼亚“东非人”化石资料推断，人类的诞生已有300万年－500万年的历史。

1984年，肯尼亚与美国的专家们在肯尼亚发现了一块500万年前的古人类化石。参与发掘工作的人类学专家D·匹尔比姆说，这次出土的颚骨，将会把人类出现时间又向前推进了100万年。

人类的年龄

尽管没有石器与这些化石同时存在，而且有的问题还存在着一些争议，但从总的情况看，通过“化石形态”与“功能鉴别分析法”判定，它们已经可以归为“人属”。如果按照“先木器论”的观点，它们就是通过木器制造而转变成人的。因此，人类的历史已经不是二三百万年，至少也是300万年，甚至是四五百万年。

综上所述，尽管对人类出现的时间存在着许多种论断，但没有一种说法是可以作为定论的。

人类是怎样站起来的

按照达尔文的进化论观点，人类是由远古时期的猿在漫长的岁月中逐渐进化而来的，但人类对很多进化的过程都不太了解，人类是怎样用双脚直立走路解放出双手的就是一个人类尚未解开的谜。

众说纷纭的“直立行走”说

科学家们普遍认为劳动是使人类直立行走的重要原因之一。人类使用工具，必须要将双手解放出来。

英国人类学家提出，由于人类祖先生活在光线强、气温高的热带林地，为了更好地散热，以防止高温对人体造成伤害，古人类选择了直立行走的方式。

2004 年，德国科学家在太平洋中部 4 800 米的海底深处发现了罕见的铁同位素——铁 60。这种铁同位素除在大恒星的中心形成外，人类很难在地球的自然环境中找到，所以人们推测这种铁同位素是在一次外星爆炸中被“喷射”到地球上的。科学家们测定，这次爆炸大约发生在 300 万年前。那时的气候发生突变，使非洲地区森林退化，正是这种退化迫使原始人类改变生活方式，从树上走了下来，并渐渐学会直立行走。科学家们认为地球气候的变化极有可能是由这次外星爆炸引起的。

直立行走使人类的大脑迅速发达起来，更解放了人类的双手，使之越来越灵巧，为人类发展创造了有利的条件。可是为什么在同样的环境下，只有人类能够直立行走呢？这还需要人们做进一步的研究。

石器时代的未解之谜

在2002年，考古学家在四川省宝兴县厄尔山挖掘出800件表面有窄形条纹和规律齿状痕迹的石制品，考古学家根据这些出土文物初步确认，这些都是古人遗存下来的以前未曾见过的新奇的石制品。它们向人类展示了古人曾经使用过的一种极其罕见的石器加工新工艺——凿制石器工艺。

漫长的人类社会发展史，遗留给我们无数的疑团，在揭开一个谜团的时候，另一个疑团又接踵而至。无数疑团被揭开的同时，人类社会也在不经意间不断前进。

石器时代新谜团

宝兴县厄尔山位于青衣江上源之一的宝兴西河右岸，它的山势比较陡峭险峻，山下分布着许多耕地，而耕地则通常分布在冲沟或坡脊的两边或者山凹之中，凿制石器很多都出现在这个地方。这800件石制品为什么会出现在这个地方？

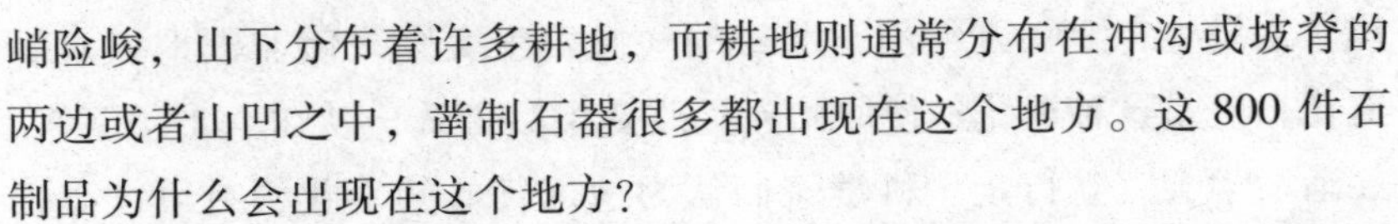

据考古学家介绍，这批石制品虽然都是凿制的，但是它们在器形和加工方式上都很接近已知的打制石器和细石器的特征，这种特征究竟是在向人们阐述着什么呢？这一切都有待人们做进一步的研究。

神秘的苏美尔人

古巴比伦王国有一个非常奇特的民族。因为部族里的苏美尔人的肤色与同一地区的白种居民显著不同，酷似亚洲人，所以，历史学家认为，他们是黄种人。但是，迄今为止，人们也查不出他们源自何处，只知道在距今两千多年以前，他们就开始记载先人的灿烂文化了，而且他们还为阿拉伯人和犹太人提供了非常先进的文化知识。

苏美尔文化

考古学家在考察苏美尔人的古代文化时，在埃及库云底亚克山里，发现了一首雕刻在 12 块陶制板上的用苏美尔文写的英雄叙事诗。主要情节和《圣经》中的第一部“创世纪”如出一辙。书板的第七块叙述内容，却引起了考古学家们的关注。用今天的宇航知识来看，诗中记载了一次太空旅行的实况。

主要情节是这样的：恩度克独自在森林中散步，忽然被一只巨鹰的铜爪抓住，拽着他在空中飞行。大约 4 个小时后，他听到了一个声音：“你看看下面的大地，大地像什么呀？你再看看大海，大海又像什么？”恩度克回答：“大地像一座高不可攀的山，大海像一条湖泊。”又飞了 4 个小时，恩度克耳边又响起了那个提问，他便说：“大地像个美丽的花园，大海像花园里的一条水渠。”又 4 个小时后，恩度克灵机一动便说：“大地像碗米粥，大海像个装水的槽子……”

在载人飞船能进入太空遨游以后，人们才发现，恩度克的这几种比喻实在是再贴切不过了。但是苏美尔人怎么会预见这种现象呢？关于苏美尔人史诗的由来，至今无人能给出一个令人满意的答案。

远古人类文身之谜

很多年轻人为了追求时尚，在耳朵、鼻孔等部打了很多洞，更有甚者在身体上有大面积的文身。文身最早可追溯到原始的土著人，探其原因是一件很有趣的事。

远古文明的一面镜子

所谓绘身，是指用某种方法把各种彩色的颜料涂抹在人们的身体上。这种绘制的花纹尽管色彩鲜艳，但很容易洗去，只能作为临时性装饰，要想永久地保留下去，就必须用文身的方法。所谓文身，是指人为地给皮肤造成创伤以留下伤痕，或者在被针刺过的皮肤上涂抹染料以便使色素经久不退地保持在表皮之下，前者称为瘢纹，后者称为黥纹。考古学家和人类学家指出，绘身和文身的习俗在数万年前的旧石器时代就已经产生了，而今，绘身与文身更成为一种十分独特的原始艺术，人们从中可以窥见远古人类的某些宗教信仰和社会风俗，是现代人了解远古文明的一面镜子。

远古人类认为，绘身和文身是一件特别神圣的事。澳洲的土著居民平时喜欢随身携带红、白、黄等各色颜料，并将其点在颊、肩、胸、腹等处，重大庆典时，他们会把全身涂得五颜六色。与绘身相比，文身就要忍受一些痛苦了。尽管要经历很多痛苦，但那些土著居民们对此却乐此不疲。在马绍尔群岛上有一个习俗，土著居民在文身之前要唱祈祷歌，而且还要奉上供品并跳起舞蹈，献给他们崇拜的据说是发明文身术的两位神——里奥第和兰尼第。

原因何在

远古人类究竟为何要这样费尽心机地去绘身或文身呢？有人推测可能是出于图腾或祖先崇拜。根据现有的人类学调查资料，在有关绘身和文身的实例中，最常见的便是把本部落的图腾绘制或文刺到自己的身上。在远古人类的心目中，本部族的图腾象征着自己的祖先或最受崇拜的主神，因而在身上绘有或文有这些图案能够得到神灵的保佑和帮助。中国古代南方的民族崇拜龙，人们总是喜欢把龙文在身上。

绘身和文身的另一个原因是出于某种巫术或宗教的目的。澳大利亚的土著人在出发打仗前全身都会涂成红色，而为死者举行丧礼时他们又会把全身都绘成白色，乞求天神的保护。大多的澳洲土著部落的巫师在作法时都要在脸上绘上花纹，否则人们便会被认为他做的法术不灵。从绘身和文身上也可以看出这个人在社会中所占的地位。如在日本的阿伊努人的文身中，花纹大而直代表其社会地位较高，小而弯则社会地位较低；而加洛林群岛的土人甚至明确规定，只有贵族阶级才有权在背部、手臂、腿部上黥刺精美的花纹，失去自由的人只能在手、足部刺上一些简单的线条。

还有一些学者认为，因为爱美，所以远古人类选择了绘身和文身，而其他意义都是在日后慢慢衍生出来的。据记载，新西兰土著毛利妇女在成年以后都必须在下颌部，特别是嘴唇上文出一条条的横线，因为她们认为红嘴唇很难看，男人如果娶了红嘴唇的女人，会有一种耻辱感。但随着社会的进步，在近现代的原始部落中，人们绘身或文身可能是出于宗教、文化或爱美等需要，所以说，简单地把绘身与文身归于某个原因是很难解释这种复杂现象的。

许多研究过绘身和文身风俗的学者认为，远古时期的绘身和文身可能与远古人类的服装、发式以及其他各种装饰物的发展演变存在着联系。但是，随着服装在人类社会中的逐渐推广，绘身和文身的风俗却在不断地消退。而今，在那些现代化的大都市里，绘身和文身只是在各种戏剧杂耍表演以及“潮人”中流行，不少人去绘身和文身也仅仅是出于好奇。可是，远古人类绘身和文身中那些充满神秘怪异色彩的线条和图案却一直吸引着人们，现代艺术家还从中找到了不少灵感，足见其深远影响。

印加人之谜

在12世纪末期，印加人以库斯科为首都，在秘鲁高原上建立起自己的国家。到16世纪30年代，已发展成为一个大帝国。其统治范围已发展到北起今天的哥伦比亚边境，直至智利海岸中部；东到玻利维亚中部和阿根廷北部。如此泱泱大国竟在其最繁盛时期被170名西班牙人征服，实在有点令人费解。

美国考古学家、耶鲁大学教授海勒姆·突格姆经过三年的研究，把被人们遗忘了三百多年的神秘古城——马楚皮克楚再次展现在世人面前。古城市建筑设计考究，布局严谨，充分显示了印加人的聪明才智和高超技艺，所有建筑全部由精工凿平的巨石砌成，砌缝严密，就连刮须刀片也插不进。在仅有简单金石工具的时代，印加人竟然能建造出如此的城市，真是令人不可思议。

关于印加人究竟有没有自己的文字这一问题，大多数专家认为，印加人还没有创造出自己的文字。但如此庞大的帝国要靠什么联系呢？有人认为印加人是采用结绳记事的方法来传递信息。印加人称结绳记事为“基普”，有很多国家官员专门负责管理和运用“基普”，这些官员被称作“基普卡马约”。现在，这种用来记事的绳已被发现，如果有一天人们能够解开那些谜团，对于解开印加人之谜，一定会有特别大的帮助。

印第安人种族之谜

一位西班牙神父认为，原先居住在巴勒斯坦北部的希伯来人，是美洲印第安人的祖先。而一些科学家则认为美洲的印第安人是西伯利亚迁徙而来的蒙古族旁系种族或蒙古族从前的种族派生的。还有一些学者认为美洲印第安人是美洲大陆土生土长的。

印第安人的原住地

印第安人其实是对除了爱斯基摩人之外的所有美洲原住民的总括。美洲土著居民中的绝大部分都是印第安人，他们分布在南北美洲各个国家，人们通常将其划为蒙古人种的美洲支系。印第安人是美洲大陆上土生土长的人种，还是从其他地方迁居而来的呢？人们充满疑惑。

印第安人的起源仍然是个谜

许多学者指出，至今对北美洲长久的考古发掘和科学考察中，仍未找到任何类人猿或直立猿之类的人类近亲的遗存，所以可以确定，美洲的印第安人是西伯利亚迁徙而来的蒙古族旁系种族或蒙古族从前的种族派生的。与此相反的观点也存在，很多学者提出美洲印第安人是美洲大陆土生土长的观点。至今人们仍然难以找到真正的答案。

神秘侏儒族之谜

美丽的地球承载着无尽的神秘。人类究竟起源于何时?原始人的形貌究竟有着怎样的特征?随着神秘的侏儒族被发现,关于人类起源的谜团更加扑朔迷离。

神秘侏儒族

俄罗斯《真理报》曾经有这样一篇报道,在2004年10月,古人类专家在印度尼西亚的弗洛勒斯岛的丛林洞穴里发现了八具远古人类的遗骸,他们称其是“弗洛勒斯人”。经过科学检测,他们发现这些化石骨骼距今已有两万多年的历史了。他们猜测这些骨骼可能属于一个神秘的侏儒族,两万年前他们可能是地球上的主宰。

“霍比特”和石器工具

这种矮小的人种身高仅有1米,科学家们开始以为这是一名10岁男孩的遗骸。实验室进一步的检测发现这具骨架属于一名30岁的妇女。在这些古人类骨骼的旁边放置着许多石器工具,比如砍刀、铲子和针棒等。考古学家宣称,这种类似人类的物种或许属于一个侏儒国种族,他们由于一些无法解释的原因已经灭绝了。

侏儒人消失之谜

弗洛勒斯人除了身材矮小、大脑体积小外,某些器官的构造也与人类有所不同,据说弗洛勒斯的男子脚底还长毛。但是小弗洛勒斯人最终因为什么难以解释的原因消失的仍然是个谜。

蓝色人种之谜

众所周知，世界上存在着黄、白、黑、棕四色人种，但科学家们在非洲西部、智利奥坎基尔查峰和喜马拉雅山上都发现了蓝色皮肤的人。世界上有蓝色人种吗？对于这个看似荒谬的问题，现在人们可以肯定地回答：“有。”

发现蓝色人

有一支考察队曾在非洲西部一个与世隔绝的山区进行自然植被与野生动物的考察及研究。一天，他们在树的缝隙中看见有几个像原始人一样用兽皮、树叶遮体的人，仔细一看竟发现这些人的皮肤呈淡蓝色。当这些蓝色皮肤的人发现附近有陌生人后，一转眼便消失在密林之中。

经过进一步调查，几天后，他们终于发现了这些蓝色皮肤的人。他们是一个庞大的家族，居住在洞穴之中，过着狩猎生活。

其他案例及其解答

在这奇特的发现公布后不久，美国加利福尼亚大学医学院的著名运动生理专家韦西，在智利奥坎基尔查峰海拔六千多米的高处，也发现了适应力极强、全身皮肤发着蓝光的人种。韦西说在这样高的山峰上，空气十分稀薄，含氧量很少，不适合人类生存，可这些奇特的蓝色人，却像机灵的猴子一样，行动特别敏捷。

令科学家们感到不解的是，目前世界上的黄、白、黑、棕这四类人种，无论其肤色如何不同，他们的血液都是鲜红色的，而这些蓝色人的血为什么会与他们的皮肤一样呈蓝色呢？

美人鱼之谜

有关美人鱼的传说从古代一直流传至今，因为曾经上映了一部与美人鱼有关的电影，人们对美人鱼的兴趣也随之剧增。是否真有美人鱼已成为人们最为关心的话题之一。许多人都为美人鱼的存在提供了佐证。

挪威华西尼亚大学的人类学者莱尔·华格纳博士指出：新几内亚有几十个土人曾目睹过人鱼出没。据这些人说，人鱼的头部和上身与女人的一样，长长的头发，光滑的肌肤，可下半身却像海豚。

20 世纪 80 年代，据一美国记者报道，一个叫佑治·尼巴的渔夫在亚马孙河口打鱼时，捕获了一条人鱼。由于当地渔民们对传说中的美人鱼既尊敬又畏惧，加之美人鱼对人们并无伤害，所以渔夫便把它放走了。

早在 20 世纪 60 年代，英国海洋生物学家——安利斯汀·夏特博士就提出一种较为新颖的观点，即类人猿的另一变种形成了人鱼，提出这种观点是因为在地球发展变化的历史上，有一段历史是空白的，这时整个地球表面都是海洋，因而这种类人猿的动物就有了在水中生存的可能性。无论如何这终归是推测，这个谜还有待人们继续探索和研究。

“雪人”之谜

在1931年，尼泊尔人在攀登喜马拉雅山时，首次发现了一种全身长着黑毛，无尾巴，能直立行走的类人动物。20年后，英国登山队员再次在喜马拉雅山上看到类人动物的脚印，把它拍成照片并发到《泰晤士报》上，一时间在社会上引起强烈反响，从此，“雪人”的名字便被人们所熟知。

到了20世纪50年代，世界各国爱好者纷纷踏上探寻“雪人”的行程。几十年来，“雪人”的踪迹遍布在苏联、美国、加拿大及非洲等地。遗憾的是，至今尚未有人亲眼目睹一个活生生的“雪人”。

关于“雪人”的种类，有些人认为，“雪人”源自世界上失踪了的尼安德特人。其主要依据是“雪人”的脚印照片同历史上尼安德特人脚印十分相似。因此，苏联和英国的一些学者认为，“雪人”可能是尼安德特人的后代。另外一些人则认为，“雪人”与巨猿类不无相似之处，可能是巨猿类的后代；同时，人们所描述的“雪人”外表特征和行为特征也同古代猿类相似。因此一些学者认为，“雪人”可能是巨猿的后代。

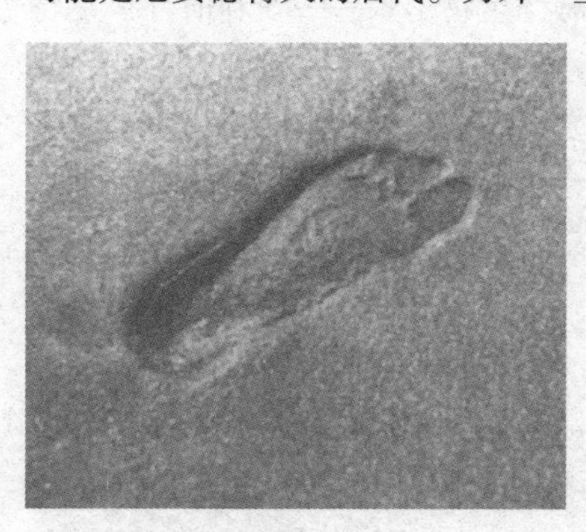

传说中的“雪人”留下的脚印

上述这些观点，不免有推测之嫌。真相如何，尚待实证。

“小人国”寻踪

在1934年，美国内布拉斯加州的两位普通职员到落基山脉进行采金作业，无意间发现一个高不及膝的小人。20世纪50年代，联合国教科文组织派遣几名山地学家到安第斯山脉对“小人国”进行科学考察。关于“小人国”，人们众说纷纭，不断地进行着争论。然而至今，这仍然是个谜。

落基山脉发现的小人

在《安徒生童话》《镜花缘》及《一千零一夜》等经典的文学作品中，都有关于小人的描述，在世界的各个角落都有关于小人的传说。安第斯山脉和落基山脉居住的印第安部落中流传的“小人国”传说很特别。在他们的传说中，小人们强悍健壮，负载牛羊在山间奔跑如履平地，他们经常隐藏在草丛、洞口、树梢、石隙中，偷袭比他们威猛许多的野兽。但是一次火山爆发后，“小人国”被掩埋了。传说毕竟是传说，其真实性实在微乎其微。那么，“小人国”是不是真的存在呢？

1934年，美国内布拉斯加州的两位普通职员到落基山脉进行采金作业，一次强烈的爆破之后，他们意外地发现了一个天然岩洞。好奇心驱使他们借助手电筒的微弱光线，走进漆黑阴冷的岩洞。突然之间他们的面前出现了一个高不及膝的小人，正襟危坐在一张石

凳上，木讷地睁着一双呆滞的眼睛看着他们。惊吓过后深深的恐惧使他们掉头就跑，疯狂地跑了一阵后，并未看到身后的小人追来，好奇心再次驱使他们壮胆回到洞中。这次他们终于看清，原来那小人只是一具干尸。他们包裹好尸体，送交有关科研部门进行科学研究，经过X光透视、仪器检测和多项生理化验，这个科研部门公布了关于小人干尸的具体结论：小人身高约8厘米，皮肤呈黄铜色，脊椎骨和四肢骨的构造与人类基本一致，左锁骨有明显的重伤痕迹，身体的各处有很多伤痕，眼睛比人类的大，头盖骨和鼻子略扁，前额稍低，齐整的牙齿既尖且长，与食肉动物牙齿非常相似，颅骨完全闭合表明他绝不是婴儿，经检测他已经有六十多岁了。

安第斯山"小人国"寻踪

20世纪50年代，联合国教科文组织派遣几名山地学家到安第斯山脉对"小人国"进行科学考察。在考察的过程中，他们发现了几个并不太大的龛式洞穴，洞壁上雕刻着各种各样奇怪艳丽的图画，壁龛内供奉着拳头大小而且干枯的头颅。山地学家对这些头颅进行了生理切片分析，研究结果表明其细胞组织与人的结构完全一样。这又一次证实了"小人国"确实存在过。但是，也有很多科学家认为"小人国"并不存在，这些小人的干尸和头颅也许蕴含着另一些人们难以知晓的特殊意义。美国医学博士弗格留申教授曾多次到南美的密林中进行实地考察。他的研究成果使人们震惊，在南美的丛林中，居住着许多印第安希洛斯族人，他们的殡葬仪式非常奇特。大祭师将死者的脑袋割掉，浸泡在一种叫作"特山德沙"的草药制剂中，这样经过一段时间的浸泡，脑袋就会缩小到拳头大小。部落

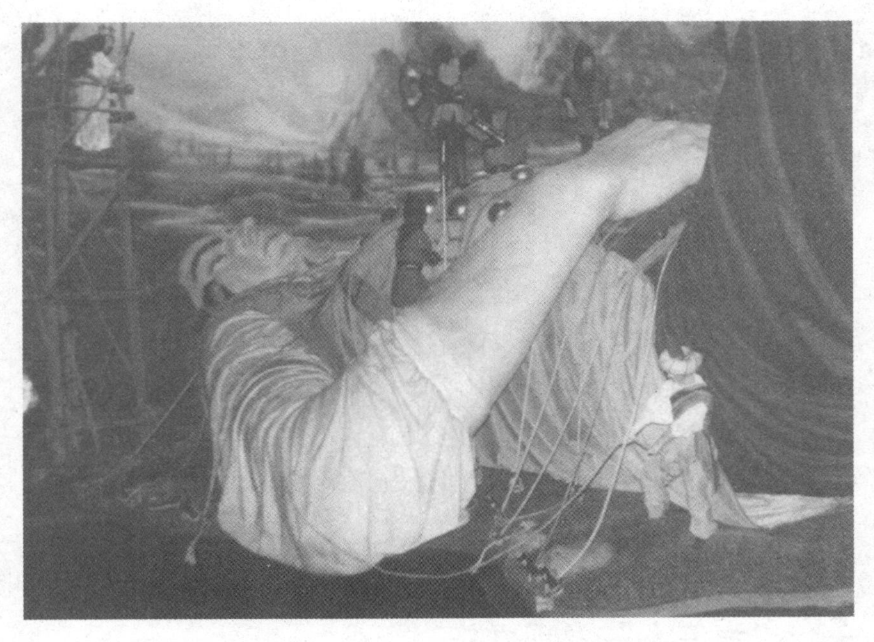

酋长和元老们的头颅被安置在龛洞里，供后人祭祀缅怀。他根据这个风俗推断，那两位采金者发现的干尸以及联合国山地学家发现的头颅都是在这种奇异的殡葬仪式上制成的。弗格留申教授意外获得了“特山德沙”。并且从“特山德沙”中所含的32种草药中提炼出了6种抗癌药汁，经过临床实践证明，这种药物能够缩小癌肿，并对高血压、关节炎以及哮喘症等疾病有一定的疗效。

那些始终坚持认为“小人国”存在过的科学家们对弗格留申教授的观点产生了很大的疑问，他们激烈地争论，宣称不能仅仅凭借“特山德沙”的缩小功能就断定“小人国”不存在。“特山德沙”这种草药非常难提炼，每千克的草药汁液仅能提炼出非常少的制剂。在印第安希巴洛斯人技术落后的情况下，怎么能提供足够浸泡一个人体的药汁呢？“小人国”是否存在过再次陷入不断的争论中。迄今为止，我们对于“小人国”的理解仍然停留在故事和传说的阶段，但愿在不久之后，我们能够真正知道“小人国”谜团的谜底。

“海底人”生存之谜

在美丽的地球上，除了人类是否还存在着其他的智慧生物呢？在很长的一段时间内，人们都认为地球上只存在人类这一种智慧生物。然而在20世纪之后，随着科学家和探险家不断地探索追寻，人们开始认为地球上还存在着另一种神秘的高智慧生物，也就是“海底人”。

“海底人”发现之旅

1938年，人们在爱沙尼亚的朱明达海滩无意间发现了一个“蛤蟆人”，它呈现出“鸡胸、扁嘴、圆脑袋”的奇特特征。当它发现有人在悄悄地跟踪它时，便迅速地跳进海中，目击者甚至未曾看清楚它跳跃的双腿。也许这是第一例“海底人”的目击案例。

1958年，美国国家海洋学会的罗坦博士在大西洋中探索时，使用水下照相机，在四千多米深的海底，无意间拍摄到一些类似人类足迹的影像，细看之下却并非人的足迹。

1963年，美国潜艇在波多黎各东海岸进行军事演习时发现了一个“怪物”。看起来它是一条带有螺旋桨的“海底船”，它的时速竟然可达280千米。当时进行演习的美国海军中的13个单位看到它之后，迅速派出驱逐舰和潜艇，分头进行紧密追踪，不到4个小时，这个“怪物”就已经消失得无影无踪。

如果真的存在着“海底人”，那么它们是什么样子的？它们的生活环境究竟是怎样的？它们是否有着比我们更高的智慧？它们的文明是否比我们更为发达?

神秘“海底人”是否存在

科学家们关于神秘的“海底人”是否存在产生了激烈的争论,也出现了各种各样的观点。

有一种观点认为“海底人”是确确实实存在的,它们不但能够在“空气的海洋”中很好地生存,而且还能在“海洋的空气”中生存得很好,他们认为我们人类起源于海洋,所以现代人类的许多习惯以及部分器官都明显地保留着这方面的痕迹,例如人们非常喜欢吃盐,身上没有厚厚的皮毛,而且会游泳,有着海生的胎记,爱吃鱼腥等等类似的特征,而这些特征是陆地上其他的哺乳动物所不具备的。在人类的演化进程中,很可能形成水下以及陆地上两大分支,陆地上的分支被称作“人类”,水下的被称作“海底人”。

第二种观点则有些特别,听起来似乎有异想天开的成分在里面,甚至你会觉得有些荒诞。海底人并不是所谓的人类的水中分支,而非常有可能是栖身于水底的特异的外星人,他们坚持这个观点的原因是这些“海底人”的智慧和科技水平远远超过了人类。这样的观点似乎有待于科学和实践的验证,目前,大部分人认为这种观点是难以站住脚的。

在神秘的海洋世界里，是否有“海底人”在此栖息繁衍呢?

以上两种很普遍的观点并未得到大多数科学家的赞同和支持，科学家们认为，神奇而诡秘的“海底人”的很多特征都完全适应地球的生存条件，科学家们确定“海底人”确实只能够是地球的产物，完全不可能是来自外星的异星生物。这样一来，海底不存在人类的另一分支的观点占据了有利地位。然而是否真的存在着“海底人”呢？以上观点，究竟哪个更接近于事实。这些都需要科学家们在科学考察和研究中进一步证实。设想，倘若确实存在“海底人”，对人类而言未必是件坏事，最起码有个伙伴和人类一起生活在这个美丽的蓝色星球上。如果真的存在“海底人”，人类和“海底人”是否能够和平相处，互相之间能否加强合作和交流，彼此是否能够共同维护地球这个美丽的家园，都将是我们要考虑的问题。

阿兹特克人食人之谜

吃人的故事人们在各处都曾听过不少，很多神话和传说里都有吃人的描写。人们一听到人吃人的故事都会闻风丧胆，可历史是无法回避的，“食人之风”在人类历史上的确存在过。

发现神庙

1519 年高戴斯远征墨西哥，在他所带领的队伍中有一个文武全才的人叫迪亚斯，他既能领兵作战，也能执笔记录远征队伍的战绩和日常发生的一些琐事。迪亚斯平时见惯了战争的恐怖场面和西班牙宗教裁判所的残酷行为，但当他踏进阿兹特克人首都特诺奇蒂兰城中休齐洛波特里神庙，嗅到里面有一股恶臭时，选择了立即撤退。特诺奇蒂兰城就是今天墨西哥城的所在地。迪亚斯退出神庙后这样记载：“我们回身就跑，简直迫不及待。”

休齐洛波特里神庙是一座屠宰场，墙壁一片黝黑，全是已经凝结的人血。在这里，迪亚斯亲眼目睹了三个刚被宰杀的“祭品”躺在那里，祭司站在“祭品”旁边，手中拿着的石刀子还不停地往下滴血。西班牙人看到的是印第安人的一种宗教，那宗教需要宰杀很多人献祭。

1487 年，休齐洛波特里神庙进行了扩建，扩建后的神庙举行了五天的献祭仪式，仪式中杀了数千人献祭，数年来杀人多少难以计

数。征服者可能夸大了阿兹特克人的残忍程度，希望教会领袖知道西班牙人侵凌杀掠的残暴行为时予以谴责。但当时的记载清楚确实，征服者被眼前的景象吓得目瞪口呆。人们对在那5天的仪式中宰杀的人数说法不一，有些人竟然估计高达8万人，后有专家计算出那五天内被宰杀的人至少有14 000个。

阿兹特克人的图画经常描绘用人献祭的情形，足可以看出献祭是阿兹特克人日常生活的一部分。美国加州大学人口统计学家库克对史料进行分析后得出结论：在西班牙人到达前的一百年间，墨西哥境内所有阿兹特克神庙中平均每年都要宰杀15 000人，其中战俘居多。而据库克的同事博拉统计，每年在祭坛上被献作祭品的人，数目可能达到25 000名，即每年牺牲总人口的1%。

人们的猜测

人们不禁要问，阿兹特克人怎么会忍心杀死那么多同胞呢？最近数十年，历史学家和人类学家通过大量调查得出：杀戮主要出于宗教方面的需要。阿兹特克人的习俗是每天夕阳西下，太阳神便死亡，若能保证太阳第二日清晨能再次升起来照耀世界，必须用人血作祭。其他神也有相同的嗜血特性，因此杀人献祭几乎无日不有。

从阿兹特克人所绘的图上可以看出，奉献给太阳神的只是人的心脏，尸身抛弃在金字塔形庙宇的陡峭阶梯上，头颅被割下来，被陈列在庙宇附近的颅架上。迪亚斯与同事德图皮亚曾分头查看两处

陈列大批头颅的地方，一个是索科特兰，另一个是特诺奇蒂兰。迪亚斯统计 10 万个颅骨，德图皮亚则查点出 136 000 个。

有人对杀人献祭风俗的成因提出不同看法。1946 年，库克发表有关 15 世纪美洲人口的研究报告并得出结论：阿兹特克人的人口增加速度比粮食增产快，所以有人认为杀人献祭可能是当时控制人口的间接方法，但很多人类学家对这种说法存在质疑。

1970 年，在社会研究新学院工作的哈纳提出一个惊人的新说法：阿兹特克人在杀人祭神后还会把尸身吃掉。

哈纳通过研究阿兹特克人食人风俗发现阿兹特克人或许很缺乏营养，主要是缺乏蛋白质，它们体内的蛋白质大多数是从动物的肉中摄取的。而当时墨西哥较大的野兽多数已经绝种好几百年，非常缺乏肉类。只有中美洲以北的民族可猎取驯鹿和美洲野牛以获取肉食，可当时的墨西哥并没有此类动物。

不管献祭所杀的人数是多少，都难以满足全体人民的需要，所以只有当时的统治阶层及战士才享有食人肉的权利。资料记载，当时的穷人主要以玉米和豆类等为食，只有偶尔能吃到些火鸡肉或狗肉。既然后人可以从一些资料中获知阿兹特克人的食人风俗，那么为什么这么多年来研究人员对此不是特别重视呢？

探秘神农架“野人”

在我国，野人的传说由来已久，大江南北的许多人都自称曾看到过野人。从1977年我国第一次组织野人考察队至今，神农架地区已有三百多人目击过这种既不是猿也不是人的动物。那么神农架是否真的存在神秘“野人”呢？

神农架“野人”

无论是在国内还是在国外，都有无数关于神秘“野人”的传说。曾经，除了我国之外的许多国家都曾报道过关于“野人”的消息，最近一些年，国外的目击野人事件似乎变得越来越少，这时候我国的神农架神秘“野人”的目击事件却不断增多。野人的出现为神农架增添了更多的神秘色彩。在神农架茂密的森林中，有很多关于野人的传说。

神农架最有可能存在野人

20世纪90年代，中外野考科学家的考察结果显示，神农架或许是地球上最有可能存在野人的地带。这里特殊的地理环境为野人的生存提供了充足的条件。同时它也让在这片神奇土地探寻野人奥秘的科考专家们看到了揭开野人之谜的希望。在历史上，神农架野人流传许久，三千多年前的古籍中就曾经有关于野人的记载。神农架归属兴山县管辖，在兴山县档案馆查阅到清代的《兴山县志》，其中有这样一句话："老君山高寒，山上有老君观，观旁有大人迹，长一尺，广六寸。"其中提到的"大人"也许就是我们常说的"野人"。不断出现的目击报告也都显示着一个似乎不争的事实，那就是神农架存在着野人的说法并不是妄言。

红毛"野人"

在神农架山地地带，有数百名群众曾经看到野人活动，最常见的野人是红毛野人，也有麻色野人，还有棕色野人。极其少数的目击者甚至接触过白毛野人，有些人看到过被打死的野人，有些人甚至被野人打过，有的人曾经看到野人被人类活捉，有的人被野人抓走后又想办法逃了出来，还有些人看到野人流眼泪，也有人看到野人向野人拍手示好。各种各样的报告层出不穷，可能有些是真实的，但是大部分听起来觉得似乎不太真实，然而无论真实与否，这一切都不是空穴来风，这些都说明在我国的神农架地区可能真的存在野人。1976 年 5 月 14 日凌晨 1 时左右，神农架的 5 位干部在十堰开完会后准备连夜返回神农架，他们坐在一辆北京吉普车上。司机蔡先志的驾车技术非常好。当吉普车翻越椿树垭时，司机忽然看到公路

上有个人形动物低着头，向着吉普车迎头走来。蔡师傅加快车速，猛踩油门，准备将其撞死。然而，它却迅速闪开了，然后朝山坡上爬去。山坡非常陡峭，而且它又很慌张，没爬多高便摔回了路面。车上的人下来将它包围住，双方距离非常近。他们看到这个动物全身红毛，他们之前从来没有见过那个动物，他们向那个红毛怪物扔了块石头，那动物慢慢转身离开了。

“前面有野人”

1993 年 9 月 3 日，铁道部大桥局谷城桥梁厂 8 个人路过燕子垭时，无意间看到了三个“野人”。当时的准确时间是 18 时 15 分，开车的黄师傅在一个弯道处忽然发现前面约 20 米处，三个人低头走来。这时候那个稍矮有些胖的“野人”抬头盯了一眼汽车，陷入惊恐的黄师傅忙告诉车上的其他人说：“前面有野人。”说完这句话，车已经驶到距离“野人”仅五六米处。左边的一个矮壮“野人”推了右边两个“野人”，三个“野人”迅捷地冲下公路，钻入森林便消失不见了。从看到“野人”到“野人”离开，前后时间还不到一分钟，因此没有任何机会留下任何的影像记录。

肥壮的“野人”浑身毛色枯黄

2002 年 1 月 28 日晚上 11 时 40 分，神农架红坪镇副镇长邱虎和林业站站长付传金从板仓返回红坪，途中看到一个肥壮的“野人”。当时路面上的雪还没有化，公路和周围看起来一片雪白，车灯照射着路面，光线非常强，两人看得十分清楚，他们看到那个“野人”全身都是枯黄色的毛，屁股非常圆，无尾。雪地上留下的“野人”脚印约长 0.4 米，宽 0.15 米 ~0.17 米，非常像是人光着脚踩在雪上的脚印。

神农架的自然风光，透着一股原始气息

神农架是否真的存在“野人”

科学工作者从光学分析鉴定到镜制片鉴定所搜集到的野人毛发，从那些毛发的微量元素谱一直研究到微生物学的测试，所有研究成果显示，野人毛发和非灵长类动物以及灵长类动物都有很大的差别。科学家们在仔细研究之后认为，野人应该属于一种目前尚未可知的高级灵长类动物。科学工作者对野人的脚印进行观测后得出结论：神农架上的野人脚印和灵长类动物的脚印完全不同，和人类的脚相比野人的脚进化得有些滞后。因为它们两脚直立行走，所以可以确认一种近似于人类的高级灵长类动物生存在神农架。最让人吃惊的是野人窝，它们用二十多根箭竹搭建而成，躺在上面，视野非常开阔，而且非常舒服，科学家研究很久后认为这一定不是猎人们建造的，更加不是那些猴类和熊类所能做到的，它的制造者应当是人和高等灵长目之间的一种奇异动物。虽然人们历尽千辛万苦，跋涉千山万水，在深山老林历时许多年探寻野人的踪迹，至始至终却未尝找到一个“野人”的活体，更让人沮丧的是甚至未能拍摄到一张野人的照片。面对这种似乎一无所获的探索，我们不禁要问，神农架传说中的“野人”真的存在吗？面对种种疑团，我们始终找不到任何有力的证据来证明我们之前所做的所有猜测。

“大脚怪物”探秘

1973年6月25日深夜，在美国伊利诺伊的墨菲斯伯勒有一对夫妇坐在熄火的小车里，忽然听到不远处的树林里传来一阵阵奇怪的叫声。一个高约2.4米遍体泥巴的怪物步履蹒跚地向他们走来。他们慌忙发动车子，到警察局报告了这件事情。

关于野人的多种猜测

大脚怪，又叫“沙斯夸支”，是在美国和加拿大发现但未被证实的一种似猿的巨型怪兽

世界上真的存在野人吗？如果真的存在野人的话，那么野人应该是什么样的？关于野人，有着很多的传说，人们认为野人是一种“大脚怪”。

因为文化的不同，我们对于野人的称谓也存在差异，但是无论野人的名字是什么，它们的外形大体上是相似的，它们通常身高3米左右，体重可达136千克，头发以及容貌类似猿人，能够直立行走，它们的种属至今仍是个疑团。

20世纪中期，伦敦《每日邮报》赞助的一支探险队在尼泊尔意外发现了野人的粪便。专家们仔细分析了这些粪便后，得出结论：野人的饮食习惯和人大致相同。

荷兰生物学家拉尔夫·冯·凯尼格斯沃尔德认为，“大脚”野人是巨猿的后裔。1935年，他在香港的一家中药店里发现了一些很大

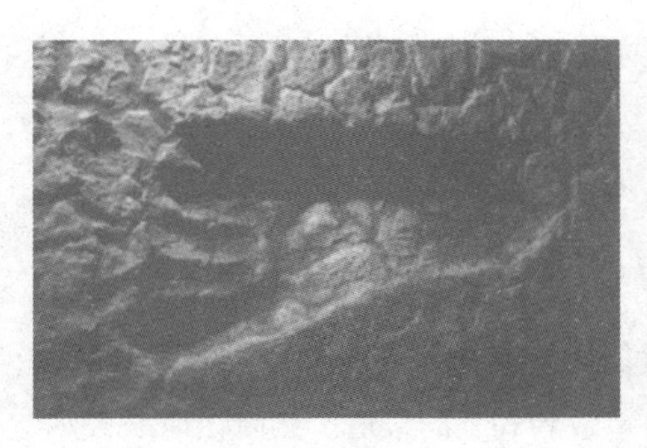

的猿类牙齿。不久以后，他在中国的南部、印度以及巴基斯坦等地区也陆续发现了更多这种巨“猿”化石。据拉尔夫·冯·凯尼格斯沃尔德所发现的牙齿和化石的鉴定结果显示，它们属于身高3.55米~3.96米的无尾猿。经过严密的论证，人们认为巨猿很可能已迁移到偏远地带以避免灭绝。一部分人认为，野人只是人们在高海拔缺氧地区产生的一种错觉。还有一些怀疑者认为，将牙齿作为“线索”来探寻野人之谜，似乎有些荒诞。因为那些牙齿可能是熊、叶猴、喜马拉雅山的狐狸、灰狼或者雪豹留下的。

750人自称目睹到“大脚怪”

美国西北地域盛行关于“大脚怪”的传说。19世纪，曾有750宗发现“大脚怪”遗留下巨型脚印的报告，目击事件发生的地点通常分布在由北加州延伸到英属哥伦比亚的常绿森林地带。而在北美的印第安部落，很久以前就流传着这种神秘大脚野人的故事。然而真实可靠的最早的足迹直到1811年才被发现。那时候的著名探险家大卫·汤普逊由加拿大的杰斯普镇穿越洛基山脉行往美国的哥伦比亚河河口，在中途发现一连串巨大的人形脚印，每个脚印大约长30厘米、宽约18厘米。遗憾的是汤普逊并未看到那种拥有大脚印的动物，仅仅看到了那些引人无限遐想的脚印。自从他报道了这个消息之后，人们便称那些拥有大脚印的怪兽为“大脚印”。此后已有至少

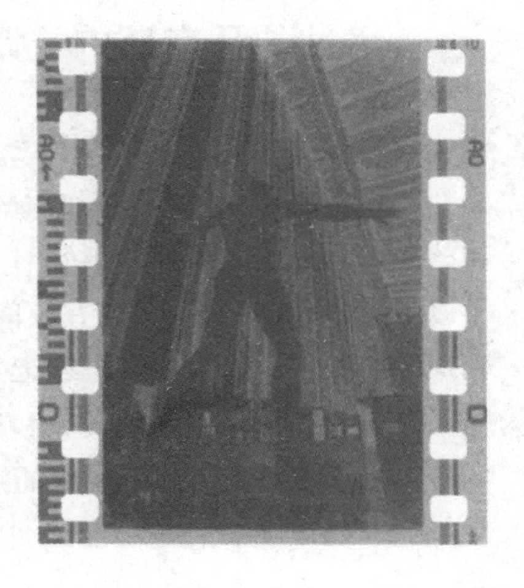

750 人自称看到了大脚怪，看到巨大脚印的人当然就更多了。尽管很多科学家都认为大脚怪仅仅是天方夜谭，然而有些似乎真实的报道在刊登出来后往往会引起人们的深深思考。

可怕的遭遇

美国总统西奥多·罗斯福对于“大脚”野人存在的话题有些怀疑，他从不轻信那些流传的故事或者刊登的报道。然而在他 1893 年的著作《荒野猎人》中，记载了一名叫作鲍曼的猎人向他讲述的与“大脚怪”遭遇的事情。罗斯福对此印象非常深刻。事情过去了很多年，老猎人谈起那次和“大脚怪”相遇的经历时仍然瑟瑟发抖。年轻时，他曾和同伴前往美国西北部太平洋沿岸的山地捕捉水獭，因为路途遥远晚上只好在林中露宿。深夜，一阵嘈杂的声音将他们吵醒，他们闻到一股恶臭，在黑暗中他看到在帐篷口有一个巨大的人影。慌乱中，他向那个身影打了一枪，也许是没有命中，巨型影子很快就消失在了树林中。深深的恐惧使他和同伴决定次日离开。当日中午，他去取水獭，同伴收拾营地。当他黄昏赶回营地时看到的却是死去的同伴，同伴的脖子已经被扭断，四个巨大的牙印在喉部非常显眼，还有许多大脚印围绕在周围。惊恐异常的他再也顾不上什么了，骑上马，奔出了森林。

伊凡·马克斯的寻踪经历

1955 年之后，人们传言有一种类似于亚洲野人的“大脚怪”生活在北美的原始丛林中。曾有很多关于捕获、杀死或发现该物种尸体的报道，但是大多数目击者对于这种“怪物”尸体的存在都显得不以为然。“大脚怪”大多在夜间活动，它们聪明异常，能够非常灵巧地逃避敌害。美国著名摄影记者伊凡·马克斯立志于探索“大脚怪”之谜，他凭着坚强的毅力和高超的本领，从 50 年代起，不断访问印第安人、目击者以及所有的知情者。1951 年 10 月，他在加利福尼亚北部西克犹郡的死马山顶初次看到了“大脚怪”的脚印。在此

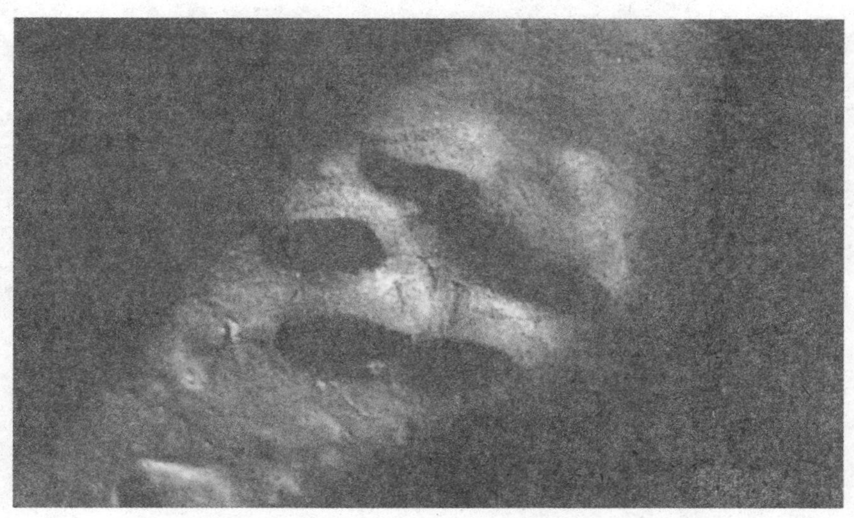

迄今为止，人们仍未发现大脚野人的牙齿、骨骼、活着的或已死亡的尸体

之前他并不相信存在着这种巨大的生物。1958 年，他在内华达州的华尔特山狩猎美洲猴时，忽然发现 500 米外有一个黑色而魁梧的人形生物。他马上用长焦镜头拍摄了下来，他觉得巨形怪物古怪、陌生、危险，所以没敢再接近它。1958 年 10 月，在科尔维尔北边的公路上一只“大脚怪”被汽车撞倒。马克斯听闻之后迅速赶到事发现场，他看见那个被撞的“大脚怪”浑身黑毛，正仓惶地逃跑，很快就消失在了丛林中。他仅抢拍到它逃跑的镜头。后来，他在爱达荷州的普利斯特湖东边加里布弯附近考察，偶然发现一个红褐色的“大脚怪”向一片沼泽地奔去，其背影酷似人类。

1967 年，华盛顿亚基玛地方的大牧场主罗杰在加利福尼亚州的尤里卡地区附近拍摄到一只高大的多毛动物。他看到它直立行走，涉过离他 110 多米远的小河。罗杰拍到了它模糊却连续的镜头。它是雌性的，有着下垂的乳房，步伐非常大，双臂摆动的幅度也很大。它转身看了一眼摄像机后，便消失在树林中。1970 年 5 月，罗杰和瑞士的“大脚怪”考察者雷内·达因顿在华盛顿州的科尔维尔追踪“大脚怪”时，发现更多的、分布更广泛的“大脚怪”的脚印，他们精心制作出了大脚印的石膏模型。华盛顿州立大学人类学家格罗

弗·克兰茨博士鉴定石膏模型后说脚印弯曲、隆起和细致，显得异乎寻常，从解剖学角度来看，如此的精密度显然是真实可信的。

白毛“大脚怪”

1972年，在加利福尼亚北部有一个巨大的白毛“大脚怪”在暴风雪中四处游荡。有些人认为，雄性的黑猩猩也有在风暴中游荡的行为，随着身体发育愈为成熟，身体某些部位的体毛会变得非常白。这个白毛的“大脚怪”与黑猩猩在习性上是否有什么相同之处呢？

关于“大脚”野人也会有更多的故事和传说，然而是否真的存在“大脚”野人，我们不得而知，但是我们坚信，随着社会和科技的发展，最终一定能够解开这个谜团。

奇案魅影

QI'AN MEIYING

得怪病的人

俗语有云：人吃五谷杂粮，怎么可能不得病。对于人类来说，得疾病是一件很正常的事。疾病是机体在一定的条件下，受病因损害作用后，因自稳调节紊乱而发生的异常生命活动过程，并由此引发一系列代谢、功能、结构的变化，表现为症状、体征和行为的异常。

普通的人得了疾病，经过医生诊治和药物治疗，很快就可以恢复健康。但是不幸的是，不是每个人都会这样。有一些人莫名其妙地得了一些怪病，导致身体机能受损，甚至无法再过正常人的生活。

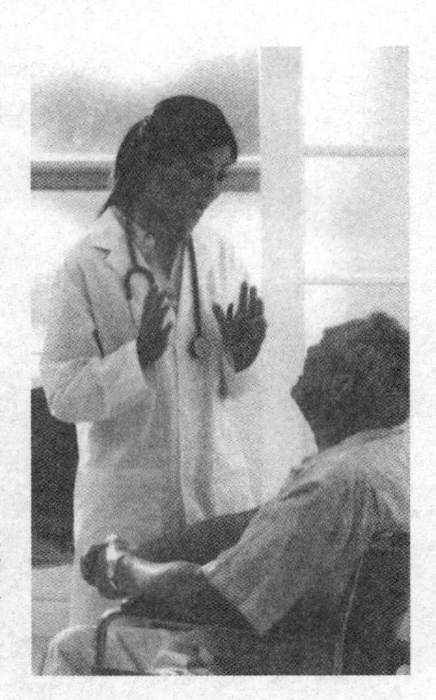

人体得怪病的案例已屡见不鲜，但究其病因和治疗方法仍存在很多谜团

哭对每个人来说，都是再平常不过的一种表达感情的方式。但是如果你一直哭，泪流不止将会是一种什么情形呢？茜拉，一个马来西亚女孩，今年27岁。在她7岁时不幸被眼镜蛇咬伤手背，虽然侥幸捡回了一条命，但茜拉从此患上了爱哭的怪病，在此后的20年来不间断地啼哭，泪水差不多都要流干了。为了让她停止哭泣，她的母亲带着她到全国遍访名

医，然而面对这一“怪病”，医生们都束手无策。至今，医学界仍无法医治这种怪病，也无法弄清得病缘由。

据新华网报道，有一家四口，因吃了一只暴亡的母鸡，结果全家四口先后患上怪病。据男主人回忆：1999 年 6 月 30 日下午，外面下大雨，他和妻子在家里避雨，一个邻居跑过来告知他，他家养的一只老母鸡在屋檐下蹲着，好像是病了。他的妻子急忙把鸡捉进屋里，随后他到村医务室买回一盒“滴菌净”，但是药还没喂完，鸡就死了。当晚，一家人烹食了这只母鸡。第二天，他在上街途中，双手突然变成了鸡爪状，五个手指无法伸直，随后他的双脚也开始无力，不能站立。在随后的一周内，他的妻子、8 岁的女儿以及 6 岁的儿子相继患上了这种怪病。病症为一双手变成了鸡爪状，双腿无力，不能正常行走。几年后，全家人的双手先后好转恢复了正常，但双腿的状况还是不见好转，至今还得靠拐杖行走。医院也没有查出病因。

而英国谢菲尔德市 10 岁的孩子克利斯患了一种吃喝不停的怪病，他总是感到肚子饿。他的父母为此头痛不已，甚至将厨房门紧

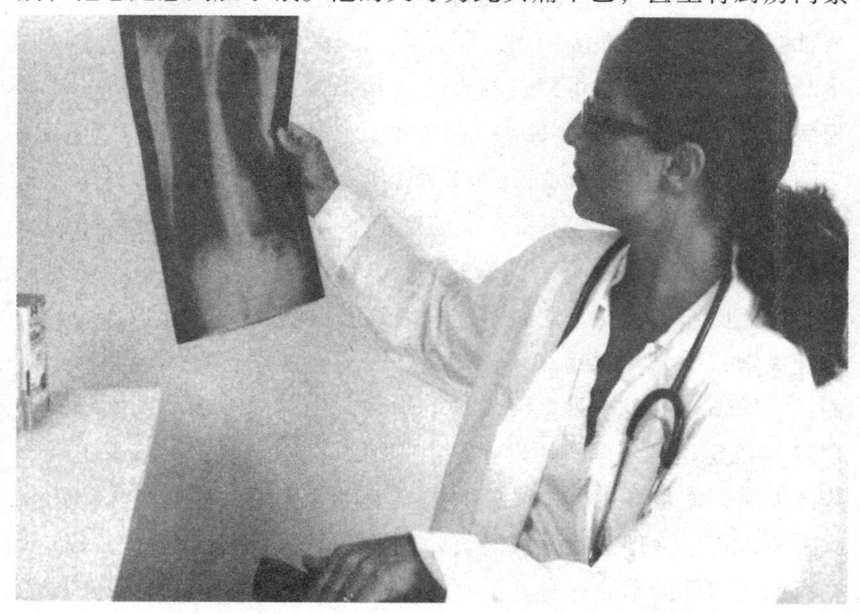

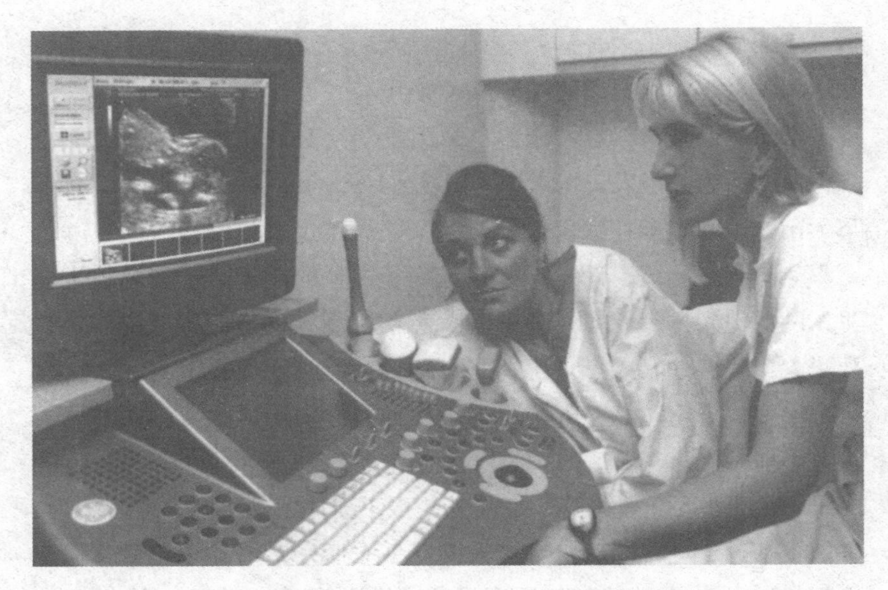

紧锁上，防止他三更半夜进入厨房偷吃。他母亲苏珊女士说：“克利斯吃够了时，他的身体不能告诉他的大脑，他不能真正照顾自己的饮食，他吃一样东西，如不制止，他会吃死的。”

环境污染是全球关注的大问题，特别是大气和水源的污染，造成社会公害，引起许多疾病，危害广大人民的身体健康和生命。其中“水俣病”就是举世闻名的由于水污染而造成的人体疾病。“水俣病”于1953年首先在日本九州熊本县水俣镇发生，当时由于病因不明，所以被人们称为水俣病。1950年在水俣湾附近的渔村中，先是发现了一些猫的步态不稳，抽筋麻痹，最后跳入水中溺死。接着，1953年水俣镇发现一个生怪病的人，开始时病症只是口齿不清，步履不稳，面部僵硬，表情呆滞，进而耳聋眼瞎，全身麻痹，最后是神经失常，一会儿酣睡，一会儿又处于亢奋状态，身体弯曲，嚎叫而死。1956年在这个地区又发现五十多人患有同样症状的疾病。在1962年确定这种水俣病的发生是由于工厂排放的氯化甲基汞污染了附近海域，使鱼和贝类中毒，而人类又以这些中毒的鱼和贝类为食物，所以得了这种怪病。水俣镇并不是唯一一个受害城镇。1973年在有明海南部沿岸的有明町等地区也相继发现了水俣病病例。

还有一起奇怪的病例，是发生在扎伊尔一名远征狩猎向导罗伊·克里克的身上。他患上了一种非洲森林豹类动物的罕见疾病，这种疾病叫作“豹热症”，患这种疾病的人一般都活不了多久就会死亡，但是也有少数人能幸运地活下来，罗伊·克里克就是其中一个。罗伊·克里克现年45岁，职业是一名资深向导。他是在一次远征中染上了这种怪病，当时他感到口渴，因此就到一个豹刚洗过澡的水坑饮水。但是，就是这个不经意的举动，毁了他一生。这件事情过去几天后，他开始发高烧，浑身冰冷。在他高烧的时候，他的皮肤变成了黄色，接着他被送进了扎伊尔金沙萨的一家医院，经过医生竭尽全力的抢救，他度过了危险期。在此后的日子里，他的身体仍然感觉不适，不久后他全身上下的皮肤出现了黑斑点，纹理非常像豹类动物，紧接着他的牙齿也发生了异变，门牙突长，像犬齿一样。他变成了半人半豹的模样，而医生对此也束手无策。随后，罗伊开始嗥叫，吵着要吃生肉，照顾他的护士们不肯再接近他。6个月后，豹斑已遍布他的全身，他被转去布塔，四周围着篱笆，医生每天对他作详细的观察和检验。他已经不可能再成为正常人。

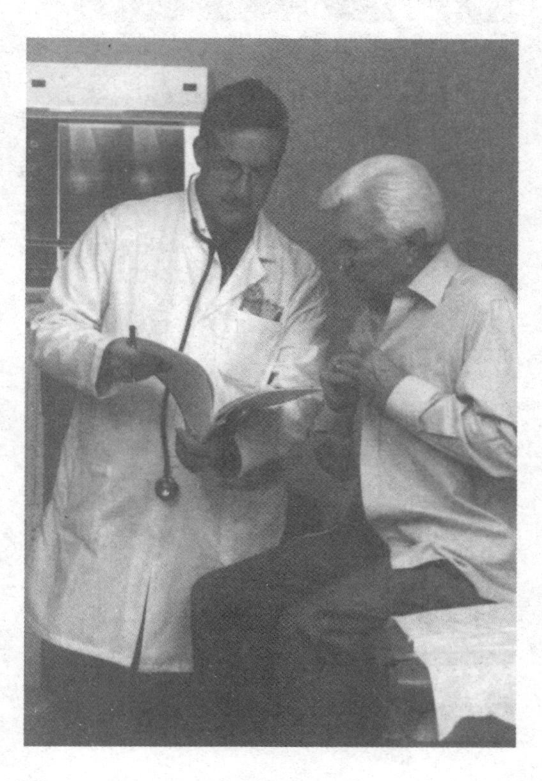

还有一个奇怪的病例，一家四代八口人仿佛被诅咒了一样，他们一家中有4人先后瘫痪，而更令人不解的是瘫痪的都是家中单传的男性。他们都是在毫无预兆的情况下，突然瘫坐在地，就再也起

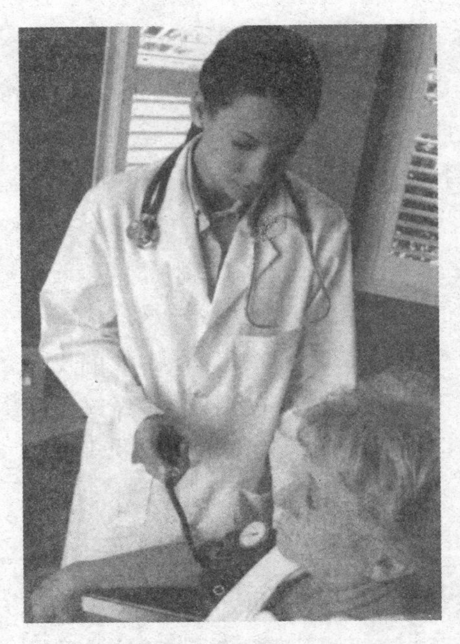

怪病患者所表现出的一些习性往往令人惊奇，他们得到一些看似无法用科学解释的“能力”

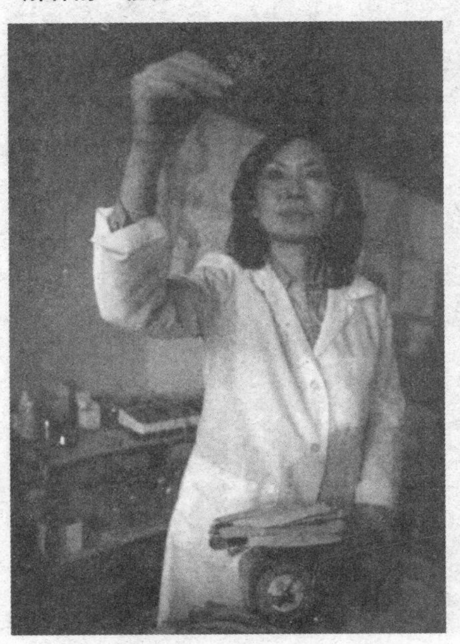

不来了。这样的“魔咒”已经使家族中的四人瘫痪在床。经过专家的全面检查，终于得到了确诊，他们家族患上的是格林巴利综合症。经专家介绍，格林巴利综合症是一种神经系统自身免疫性疾病，病人首先出现双腿无力的症状，继而瘫痪。但是目前格林巴利综合症在医学上还没有被证实会遗传，它属于神经系统疾病，大部分是由于病毒所引起的。所以这种家族瘫痪的病因还有待进一步观察与研究。

目前，人类得的许多怪病还没有被查出病因，还有待相关医学专家做更详细的调查与研究。

“文身”之谜

文身又叫刺青，是用带有颜色的针刺入皮肤底层而在皮肤上制造一些图案或字眼出来。有些人纹身是为了追求美，而有些人文身却并非出于自愿，这究竟是怎么一回事呢？

1982年8月，一名叫安东尼娜的妇女在坦波夫市的河边休息了大约40分钟。当她正准备离开时，突然发现自己左手的皮肤开始变红，转眼间出现了一片树叶的轮廓。不知所措的安东尼娜抬起头来，发现天空中有一个粉白色的圆盘在不断放出白色的光线。不一会儿圆盘变小并消失了。傍晚时分安东尼娜手上的红肿渐渐消失了，但树叶的白色轮廓却长久地留在了她的皮肤上。直到1988年，一半树叶轮廓才开始有点消退，但另一半仍清晰可见。在这整整5年中，她的左手仿佛带电一般，手指间常常会发出束状火花。

1990年5月28日，在沙克里村塔吉克女学生莎基罗娃的大腿上也出现了一处洗也洗不掉的“文身”。这处文身像一个长着一对呆滞大眼睛的木偶，头上是一圆圈形光芒四射的太阳。她声称，在发现“文身”之前，曾有一个UFO出现在她家窗户附近。

53岁的安娜是拉脱维亚里加市一家工厂的电镀车间女工。1990年6月22日，她突然感到右肘有一种灼痛感，一天之后，她在利亚卢佩河的河边休息时，偶然通过水面看见肘部出现了一个三叶草形状的“文身”。

奇异的是，同样的三叶草文身，竟然出现在另一位里加妇女塔马拉身上的同一部位。晚上时她的肘部开始产生灼痛感，后来她发现她的身上出现了一种枝状印迹，这种枝状印迹从脊椎一直延伸到肩部，而且“文身”图案十分精细。

另一位妇女阿拉身上出现的叶状印迹是她去里加动物园之后发现的。在整整1个月内，因得上这种怪病去医院就诊的人数在拉脱维亚就有30人。

还有一件发生在鲁德内市库斯塔奈区的夜间事件也引起了人们的注意。大约在凌晨4时左右，伊琳娜由于一种莫名的警觉突然醒来，她急忙奔向小女儿的房间，并环视周围，发现阳台门上角有两个苹果大小的发光球体，它们发出的略带浅黄的光线布满了整个房间，伊琳娜本能地用被子为女儿挡住光线。这时，她耳中突然响起了一阵强烈的嘈杂声，同时她感到剧烈的头痛，接着便失去了知觉。大约1个小时之后。伊琳娜渐渐清醒过来，发觉腹部有一种灼痛感，经过检查，她发现在她的下腹部出现了一块宽2厘米，和手掌差不多长的“文身”。经皮肤病医生鉴定证实，这处烧伤是贯穿性的，完全排除了与烧红的物体接触或受到打击而形成的可能性。

这些文身究竟是怎么来的？为何这些文身的技艺如此精湛？科学家们正在不断研究，相信在不久的将来他们必会给人们一个满意的答复。

滴水不喝的人

我们都知道，水是生命的源泉，人类时时刻刻都需要水。而有个叫华安列克的法国人，从事海上运输工作，他一生没有喝过一滴水，但他的身体却丝毫不受影响，十分强壮。

奇特的现象

水是一切生物存在和发展的基本条件，它参与各种新陈代谢活动过程，在人的生命活动中起着极为重要的作用。人可数天无食，不可一天无水，所以，水是生命之源，水也是人类最必需的营养素之一。但相传有个人却不用喝水，这一奇特的现象引起了人们的好奇，有人不信，邀他到撒哈拉沙漠旅行。那人用 5 只骆驼带足了水，可华安列克一滴也不喝，他们足足走了 20 天。那人渴坏了，华安列克不仅没有半点异样，一路上还吃了很多饼干。

一般来说，人体水分过少或脱水，就会造成酸碱不平衡，因酸中毒而死亡，但华安列克为什么能健康如常呢？在他的身体内部是不是存在着一种特殊的物质产生体内必需的水从而达到酸碱平衡呢？还是因为他的身体可以从空气中吸收水分从而补充体内必需的水？依目前的科学水平，人们还无法真正了解华安列克“滴水不喝”却健康如常的原因。

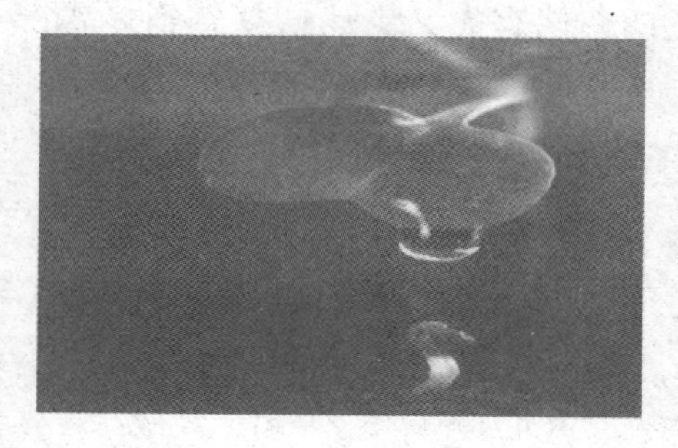

听觉的离奇丧失和恢复

在2004年4月的一天，21岁的埃玛·哈塞尔在洗澡时突然丧失了听觉，周围的世界陷入了一片寂静之中。

医生给她做了全面的检查，确认她已经完全失去了听力，医生也不知道这其中的原因。后来在7个月之后的11月1日，当她得知自己怀孕的消息后，埃玛情绪异常激动。几个小时后，埃玛在看电视时无意中发现自己渐渐地开始能听到电视中的声音。

"我担心是心理作用的捣鬼。我试着敲打手指，看能不能听到，然后还给男友打了电话，这更加证实了我的看法，我相信这是真的，尽管希望康复，但这还是太出人意料了。"

尽管埃玛和专家一样对听觉的忽然丧失又忽然恢复感到迷惑，但她坚信是心理使然。目前对她的耳聋还没有明确的解释，但她恢复听觉会不会和得知怀孕时的欣喜有关依然不能确定。

“9・11”事件中的“魔鬼脸”

2001年9月11日，美国纽约世界贸易中心的两幢110层摩天大楼在遭到攻击后相继倒塌，化为一片废墟，造成死伤者数以千计。这一事件震撼了全球，而几张带有鬼脸的照片却更让人们震惊……

当“9・11”事件发生时，美联社的记者马克菲立普于事发当日拍到了一张世贸中心浓烟滚滚的照片，乍看照片并无异样，但当放大楼顶的浓烟部分，一张“鬼脸”却骇然出现。美国几家报纸均以半版刊登了这一照片，甚至有报道指出，这张“鬼脸”不但五官俱全，额上还有一对犄角，活像一个在冷笑的魔鬼。

在现代技术如此发达的年代，制造一张照片是易如反掌的事，所以，很快就有人怀疑这张照片的真实性。在一片争议声中，美联社副总裁兼照片总编辑阿拉比素表示，这张照片绝对没有人工加工，他强调：“美联社有明文规定，严禁以任何形式修改照片内容。”而拍摄此照片的记者马克菲立普也站出来强调：“照片绝无做假。”

马克菲立普是有着23年经验的资深摄影记者。针对魔鬼脸庞照片的疑云，马克菲立普表示，9月11日上午纽约世贸大楼遭到恐怖分子劫机撞击发生后不久，他马上抓起照相机爬到屋顶拼命拍照，拍了几张照片后，他赶忙跑回屋里开始发稿传送照片，当时并没有注意到这张世贸大楼冒烟的照片有任何“异样”。当天下午，一名友人匆忙地打电话问他说：“你知道吗，你拍到魔鬼的脸了?”马克菲立普仔细看了看照片，浓密黑烟中果然有类似魔鬼脸孔的模样。

也许还会有人问，为什么偏偏在世界贸易中心冒出的浓烟中出现了像脸的图形，而不是别的地方，这岂不是太不正常了吗？人们恐怕忽略了几个有趣的因素。第一，那张“魔鬼”的照片是一张照片。照片的曝光时间很短，大约是几十分之一秒。在底片曝光的一刹那，“魔鬼”恰好出现了。由于浓烟在快速上升，“魔鬼”肯定会在很短的时间消失。如果没有照相机，很可能没有人会注意到浓烟中出现了什么。

另一个问题是，撇开上述因素不说，在快速上升的浓烟中出现了那样一个相当有规律的、并非随机的图案，这也太奇怪了。浓烟中出现的“脸”并不比其他图案更加有规律——那是人为的概念。

此事是巧合还是另有他因我们不得而知，但“9·11”事件带给人们的灾难却正像魔鬼的恶作剧。

奇怪的塔兰泰拉病

塔兰多港位于意大利东南海岸的阿普利亚地区。几个世纪以前，这个地方曾有一种叫塔兰泰拉的蜘蛛，被它咬过的人就会马上得一种奇怪的病，人们将这种病称为塔兰泰拉病。

塔兰泰拉病

这种病通常发生在夏季最热的时候。病人不管是正在睡梦中还是醒着，都会突然像被蜜蜂蜇了似的一下子跳了起来，然后冲到屋外，跑到街上，在集市上疯狂地跳起舞来。这时，其他被咬的人和从前被咬过的人也会加入舞者的行列中。不同年龄、性别和民族的人中都有因被咬而狂舞的人，其中尤以年轻人和女性居多。

易复发的疾病

这些病人跳舞一般要跳 4 至 6 天，极个别的要跳两个星期，甚至是一年。通常，他们从太阳升起的时候就开始跳，一直跳到晚上，这样一连数日，直到病人精疲力竭，病情才算暂时好转。但是，到每年夏季最热的时候，病人体内的毒液还会再次发作，于是年年夏天都要照此狂舞一通，有人甚至持续狂舞了 30 个夏天。

消失了的病例

但是令人费解的是，到了 18 世纪，塔兰泰拉病却像神话一样突然消失了，当地的这种毒蜘蛛也突然丧失了毒性，因此许多人怀疑塔兰泰拉病是否存在过，但是，据史料记载，这种怪病的确存在过，然而持续产生这种怪病的原因是什么，又为什么会突然消失了，甚至一点痕迹都没留下，这些至今仍是一个未解之谜。

最可怕的病

目前，人类面临的最可怕的病并不是癌症，也不是艾滋病，而是被国际医学界列为最可怕的三大传染病：拉沙热、马尔堡病和埃波拉出血热。这里我们只介绍一下拉沙热病。

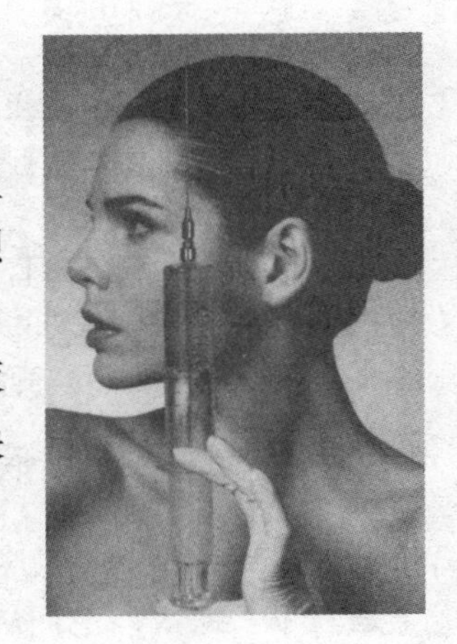

可怕的拉沙热病

在非洲尼日利亚的一个叫拉沙的村子里发现的患了拉沙热病的人，开始时背部剧烈疼痛，然后扩展到胸部，体温不断升高，口中布满黄色小脓包，白血球大量减少，血液凝固，失去循环能力，两只胳膊上出现大块的紫色斑块，最后窒息死亡。

研究拉沙热病

研究人员曾提取拉沙热病患者的血样进行化验分析，发现血小板上有许多像衣服被虫蛀了一样的小孔。拉沙热病菌在显微镜下被放大 10 万倍进行观察，发现它外形像网球，周围有很细很细的绒毛，样子十分恐怖。然而令人遗憾的是：几位研究人员在试验中也不同程度地受到感染，相继死亡。

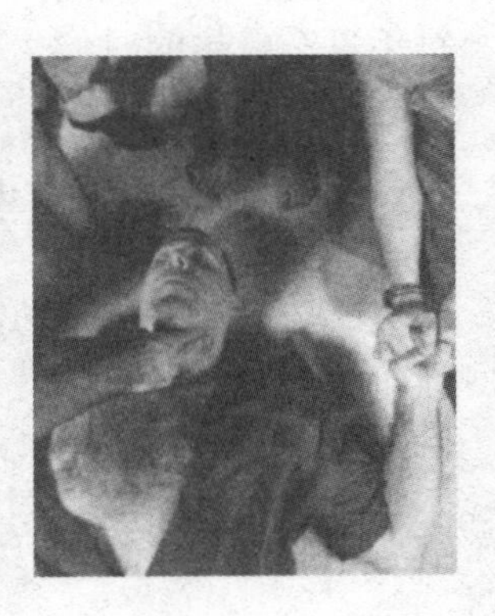

目前，对于拉沙热病，人们只知道它是

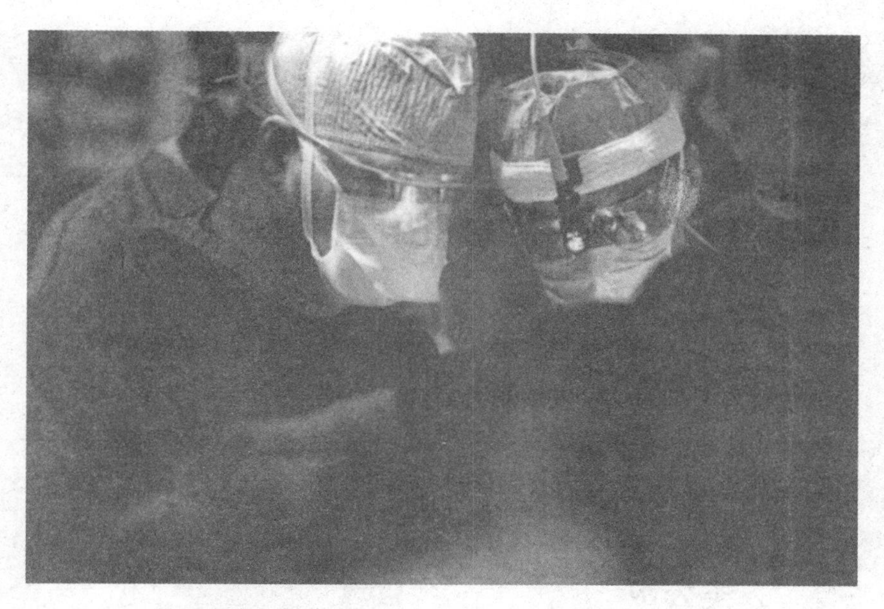

病毒引起的急性传染病，主要通过非洲一种多乳头家鼠的唾液污染食物、水源和谷物来进行传播，人吃了或接触了这些物品就会被感染。

奇异的拉沙热病

更令人疑惑不解的是：得拉沙热病的都是白种人，黑种人虽有接触，却不受传染。原以为黄种人或许也可能幸免，然而前不久日本横滨也发现了拉沙热病患者，这位患者 49 岁，他曾在非洲工作过，因此染上了此病。拉沙热病的传染性极大，但至今医学专家对它仍束手无策。

艾滋病之谜

自从19世纪80年代初人类发现首例艾滋病病例后，人们就对艾滋病“谈虎色变”，到目前为止，全世界已有一百六十多个国家和地区报告发现了艾滋病病人，并且世界各地都大有蔓延之势。

人类公敌

艾滋病的英文缩写为 AIDS，中文音译为艾滋病。1988年，世界卫生组织为了唤起世界各国共同对付这种迄今为止人类出现的最厉害的病毒的斗志，把每年的12月1日定为“世界艾滋病日”。

艾滋病的起源

目前，在医学界关于艾滋病的起源主要有以下几种不同的说法。

其一是“外空传入地球”假说。有两位英国科学家曾提出过这一看法，他们认为艾滋病病毒之所以在当代才传播，完全是因为一颗飞逝的彗星撞击地球时，将这种可怕的病毒带到地球来的。

其二是“猴子传给人类”的假说。科学家经过研究后发现，在

猴子身上存在与人类艾滋病患者相同的病毒，这种猴子生活在非洲。科学家们在追踪艾滋病的传播范围时发现，艾滋病在非洲的流传比在美洲和欧洲更早，也更快。

其三是“人工制造”的说法。20 世纪 80 年代中期，坦桑尼亚政府报纸《每日新闻》称艾滋病病毒是美国细菌战研究的产物。后来，英国一家素来以消息来源可靠著称的报纸刊载了英国反对活体解剖学会的相同看法。这一消息见诸报纸之后，立即被广为转载，一时间各种各样的议论和猜测纷至沓来。美国有关方面虽然极力否认这一说法，但一些非洲国家的传播媒介对此仍坚信不疑。

虽然人类对艾滋病的研究已取得一些重大成就，但探究艾滋病的根源却仍是一个谜团，还需科学家们坚持不懈地探索与研究。

神秘的马特利现象

沙特阿拉伯西部腹地有一个叫哈迪的小村子，村民拉西德·马特利有一间用羊毛做成的小毡房。有一年刚刚过完开斋节，一天中午，拉西德·马特利的那间毡房不明原因地突然起火。他和妻子急忙把火扑灭。当时，他并没有把这次“偶然”事故放在心上。

“无名之火”

可没有想到，第二天，他家的另一间房子也无缘无故地着起了大火。他和妻子又急忙把大火扑灭了。这一回，拉西德·马特利的心里有点慌了神：“我家怎么总是发生火灾呀!”随即他报告了村长，村长听了也感到很纳闷，就和他一块儿来到他家。村长朝周围看了看，刚要说话，拉西德·马特利家的房子又燃起了熊熊大火。这回的火势特别凶猛，大火怎么扑也扑不灭。结果，拉西德·马特利家的三间房子全部被烧成了灰烬。村长又赶紧报告了哈迪亲王府。可哈迪亲王府派出的调查组也查不出起火的原因。

拉西德·马特利无奈地带着一家人搬到了距离哈迪村 30 千米远的哈斯渥。他找了一块平整的地方，动手搭起了两顶帐篷，住了下来。奇怪的是，当他收拾好东西，刚想和妻子、女儿进帐篷去休息时，那顶帐篷突然之间着了火。更加奇怪的是，他放在汽车里的一件衣服也跟着着起火来。科学家们知道后，纷纷前来研究。可他们观察了好长时间，还是说不清楚这是怎么回事。后来，人们就把这种奇怪的燃烧现象称为“马特利现象”。

“生命之光”之谜

科学研究发现，在高频高压电场中生活的生物体周围都会出现一些彩色的光环和光点，这一现象被称为“生命之光”，关于“生命之光”产生的原因，科学家们尚没有统一的论断。

神奇的“生命之光”

人体各部分的光图像有不同的颜色：手臂青绿色，臀部橄榄色，心脏深蓝色，等等

1939 年，苏联科学家基利安夫妇在研究中发现：在高频高压电场中，活的生物体周围会出现一些彩色的光环和光点，而且它们总是伴随一定的节奏跳动着。人们把这一现像称为“基利安效应”或“生命之光”。

众说纷纭

这些奇妙的“生命之光”是怎样形成的呢？众说纷纭，主要有以下几种观点：

一种观点认为：活体周围存在着能量环流，这些环流是以“生物等离子体”的形式存在的。基利安现象是“生物等离子体能量”的分布情况的最好的例证。

另一种观点认为：生物在高频电压电场内发射出高速带电微粒流，这些高速带电粒子与空气分子发生碰撞，迫使空气分子产生电离现象，当正离子密度足够大时，由于复合导致发光，因此光图像

会随着电场的分布情况而发生变化。至于生物体表面各部分光图像的颜色和强度的显著差别这一问题，学者们仍然争论不休，无法得到一个统一的答案。

第三种观点认为：生物体可能会发射一定的电磁波，而且随着各个个体的不同而产生不同的频谱，可以对此加以辨认。

以上三种观点只是人们的一种推测，观点正确与否还有待学者们去进一步考察，可以说，人类探索“生命之光”的脚步从未停歇，我们有理由相信，这一谜团终有一天会被人类所破解！

口吃之谜

口吃现象早在人类使用语言时就已经存在了。两千多年前，古希腊哲学家亚里士多德就曾指出，口吃是人的四种基本情绪发生混乱后形成的。在一百多年前，普鲁士有位外科医生，他曾经幼稚地采用割掉人一部分舌头的方法来治疗口吃，结果是显而易见的，他给这些接受治疗的人造成了极大的伤害。

50 年前美国爱俄华大学的湿戴尔 · 约翰森教授第一次对口吃这一常见现象进行了系统研究，并提出了一种观点：口吃是人在儿童时期模仿口吃者讲话学来的，而与神经和生理失调无关。

弗洛伊德精神分析学派的专家们相信，人在紧张焦虑的情况下说出的话语是受阻碍的，会遇到停顿。因此，他们认为，口吃是一种精神性疾病。但是大多数口吃者在接受了精神疗法治疗后无任何效果。而且通过大量的调查得知，口吃者并不比其他人更神经过敏。

最新研究表明，口吃与家庭因素有关。有证据表明，不是口吃本身具有遗传性，而是这些家庭成员的倾向性或易感性使他们容易变成口吃者。研究表明，口吃的形成并非与一两个因素有关，而可能是由多方面的原因造成的。但究竟是哪些因素造成了口吃，还有待人们进一步研究。

女孩无痛感之谜

痛觉是身体组织因受破坏或受强烈的刺激所产生的感觉。然而，天下之大，无奇不有，没有痛感的女孩成了科学上的特例。

无痛感的女孩

在安徽省林宁县有一个世界上少有的无痛感女孩。她叫金晨，从外表上看，她与正常的孩子没有任何区别，无论是身高、体重还是智力都很正常，但不管外界怎么刺激她，她都毫无知觉。

这个孩子生下来时，和正常孩子一样。家里人也没发现她没有痛感。直到她3岁的时候，得了一场病，不得不打针治疗，针头一次又一次地扎进她那细嫩的肉中，可她非但不哭，脸上也没有任何疼痛的表情，这才引起了医务人员的注意。医务人员为了证实，试探性地又用针刺她的不同部位，她都毫无反应。这时人们才意识到她是个无痛感的人。

金晨的父母身体一直都很健康，那么她的这种无痛感的特性究竟是怎么来的呢？父母领着金晨去咨询了几家大医院，但每家医院都各持己见，一直都没能得到一个满意的答复。

集体失踪案件谜团

历史上的神秘失踪事件屡见不鲜，每个事件的发生都蒙上了一层诡异的色彩，究竟是怎样的缘由使神秘失踪事件不断上演？原因有待考证。

军事史上的神秘失踪事件

历史上曾发生过人类集体失踪的案件，最早的记录是在 1915 年 12 月。当时，英国与土耳其之间发生了一场战争，英军将领诺夫列克率领第四军团进攻土耳其军事重地——加拉波利亚半岛。英军奋勇前行，他们翻过山冈，登上山顶高举旗帜欢呼呐喊。忽然，空中降下了一片淡红色云雾，在阳光的衬托下发出了耀眼的光芒。红云覆盖了山顶，在山脚下的指挥官们看到此情此景都感到非常诧异。随即，云雾向空中缓缓升起，向北飘逝。军官们惊奇地发现，山顶上的英军士兵们消失得无影无踪了。诺夫列克将军率领一千多名士兵登上山顶，并亲手插上英国国旗，旗帜依旧在迎风山顶上飘扬，但士兵们却不见了踪影。

1990 年夏天，英国的《观察家》杂志发表文章，列举了近现代世界史上一些神秘的失踪事件，其中提到这样一件奇事：在中国抗战初期的南京保

卫战中，一个团的中国官兵在南京青龙山山区神秘失踪，从此杳无音信。

1937 年 12 月初，大约有 20 万国民党军队云集在南京城内外，参加南京保卫战。其中，有的部队是从湘沪战场来到南京城外布防的；还有几个师是从四川、湖北、江西等省紧急抽调过来的。他们同仇敌忾、士气高昂，准备奋起抵抗，但是部队的装备粗糙，只配备了步枪、机枪、手榴弹和少量火炮。而日军方面则装备精良，拥有重炮、装甲车、坦克，此外还有大队飞机助威，其气焰甚是嚣张，不可一世。激战中，中国军队损失惨重。据南京东郊地区的一些老人回忆，损失最为惨重的是川军某师，他们的枪弹根本不堪使用，显然是被什么人暗中做了手脚。官兵们的血肉之躯无法抵抗疯狂的日寇，几乎全军覆没。但该师有一个团，因担任阵地对敌警戒任务，并没有直接参加战斗。团长在战事失利后，为保存有生力量，于是带领这两千多名官兵向南部撤退，进入绵延十几里的青龙山山区，但却从此神秘地消失了。

攻占南京的日军指挥部在战事结束后统计侵略战果时，发现中

国守军有一个团仍未被歼灭或俘虏，南京城内由万国红十字会划出的难民区内也没有他们的踪迹，但该团似乎并不具备突出日军封锁线的实力。日寇们认为此事非常蹊跷，重庆国民党作战大本营于1939年统计作战情况时，将这一事件列为“全团失踪”。抗战胜利后，国民党军政部派出专人对此事进行专项调查，但都无功而返，最终都不了了之了。

据推测，该团在当时根本不可能突围。因为日寇当时采用了迂回战术，1937年12月1日又出动两个精锐部队从上海南边的杭州湾登陆，经嘉兴、湖州、广德、芜湖，包抄中国大军，没有一支中国守军能冲出日寇严密的封锁圈。英国《观察家》杂志将此事与第一次世界大战中两个营的法国步兵在马尔登山地上的神秘失踪事件相比较，将其称为20世纪世界军事史上的又一个谜团。

20世纪70年代初，在开发中国苏南煤田时，青龙山山区的矿校学生在建矿井、采煤的过程中，无意中发现了几个神秘的洞穴。据当地人介绍，青龙山山区一定隐匿着一些洞穴未被人们发现，由于山洪爆发产生的泥石流将洞口掩埋，所以很少有人能找到其所处方位。传说其中一座山的山岩下有一个很深的溶洞，若用铁锤敲击某处岩壁，就可隐隐听出空声回音……也许，当年失踪的中国官兵，

在黑夜里为了躲避日寇的追杀而进入山里某个巨大的洞穴中，后来由于某种原因而全部葬身于洞中，但当时的情景究竟如何，至今仍是一个无法解开的谜。

神秘失踪事件再次发生

1975 年的一天，莫斯科地铁里也发生了一件不可思议的失踪案。那天夜晚，一列地铁列车从白俄罗斯站驶向布莱斯诺站，两站之间仅有 14 分钟的路程，谁知就在这短短的 14 分钟内，满载乘客的列车竟然莫名地消失了。这一突发事件迫使地铁全线暂停使用，警察和地铁管理人员在内务部派来的专家的指挥下，对全莫斯科的地铁全线展开搜索，但始终没找到这列地铁和满载的几百名乘客。

最近一次发生的集体失踪事件是发生在 1999 年 7 月 2 日。中美洲的哥伦比亚地区，约有一千多名圣教徒到阿尔卑斯山的山顶进行朝拜。这些圣教徒相信 1999 年 8 月世界末日来临，他们集体去阿尔卑斯山向上帝祈祷，希望得到上帝的拯救。但令人没有想到的是，这些教徒上山后就再也没有下来，从此神秘地失踪了。哥伦比亚政府派出了大批警察在阿尔卑斯山顶四周寻找，并出动了直升飞机。将近一个月的时间，警方几乎查遍了整个内华达山区，但始终没有找到圣教徒的踪迹。

这些神秘的集体失踪事件给后人留下了种种猜测。由于失踪人数较多，过程离奇诡异，虽然一直以来各国政府对这些失踪事件不断追踪调查，但都毫无收获。他们究竟去了哪里？当时又发生了什么事情？迄今为止仍无人知晓。

与前世亲人重逢的小女孩

所谓“童言无忌”，很多时候儿童的话十分天真并伴着许多想象。他们会有许多奇特的想法，会绘声绘色地讲许多故事，很多家长都认为那纯粹是出于孩子的想象。不过，最近许多研究者发现，儿童讲的“故事”并非完全来源于想象，有些儿童所述的“故事”就是在描述自己前世的经历。

令人惊奇的回忆

在美国与加拿大，一些稚气的孩子会出人意料地讲述到关于“以前我是大人时”或“以前当我死时”等。类似的情况在亚洲一些相信轮回转世的国家中也出现过。

一个叫做香娣·黛比的女孩儿于1926年出生在印度的德里。起初她和别的孩子一样过着快乐的日子。可是当她7岁大的时候，有一天忽然说出了令她的母亲惊讶的话：“妈妈，很久以前我曾住在一处叫做姆特拉的地方。”此后，黛比经常提及类似的事，这使得黛比的母亲十分担忧，她怀疑自己的女儿得了精神病。医生听了黛比讲的话以后，并不认为她是一个精神病患者。

黛比9岁时依然时常提起她与姆特拉的事。“妈妈，我以前早就说过了，我从前住在姆特拉，我曾经在那里举行婚礼并生了三个小孩儿。我住在那里的时候，我的名字叫露蒂。”她这样讲着，还说出了三个孩子的名字和他们的特长。令她的父母惊奇的是，一日黛比家中来了一位客人，当黛比看到这个人时，突然对她的妈妈说此人是她前世丈夫的表兄弟，并说这位客人也居住在姆特拉。这位客人也奇怪，黛比的父母更是觉得万分惊奇和无奈。

实地调查

这种事情便传开了，黛比也成了德里的热门话题。此事也惊动了印度政府。印度政府为了查明这件事的真实情况，组织了一个特别调查委员会，并且把香娣·黛比带到了姆特拉这个地方。黛比对姆特拉似乎丝毫也不陌生，她毫不困难地指出她前世出生的房屋，并正确地说出了她前世丈夫与双亲、兄弟姐妹的名字。更让人吃惊的是，小黛比居然用纯正的姆特拉方言同迎接她的人们讲话。她所描述的姆特拉的一切情况都完全准确。调查人员除了惊奇之外给不出任何答案。

难道黛比真的是转世而来吗？人们不得而知，目前的科学也无法解释这一现象。相信随着科学的不断发展，人们最终会找到答案。

“吸血僵尸”之谜

在西方有着大量的关于吸血鬼的文学作品和影视作品。在西方的传说中，“吸血鬼”又被称为“吸血僵尸”。意思是嗜血、吸取血液的怪物的意思，是西方世界里著名的魔怪。相传它们是罪犯和自杀者的游魂，经常在夜晚离开坟墓，变成蝙蝠，吮吸人血，在黎明前返回墓穴。

德拉库拉传说

“吸血僵尸”在几百年的传说里一直带有离奇而恐怖的迷幻色彩。他们被看成是残暴、无情及凶残的化身。据说就连被吸了血的受害者死后也会变成“吸血鬼”。有关“吸血僵尸”的传说最早起源于中世纪罗马尼亚的暴君德拉库拉，在欧洲已辗转流传了数百年之久。历史上确实有德拉库拉其人，他曾于1448年、1456年—1462年、1468年数度统治罗马尼亚南部地区。不过在传说中，德拉库拉已成了吸血僵尸的化身。当时罗马尼亚人经常受到土耳其和匈牙利人的威胁，在与土耳其人作战时，德拉库拉十分英勇，对敌人毫不畏惧，以骁勇善战而著名，但同时他也以种种丧心病狂的暴行而臭名昭著。

1897年，爱尔兰作家B. 斯托克在传说基础上创作了小说《德拉库拉》，在这本小说中，斯托克将作为“吸血僵尸”的德拉库拉父子食人血的情节描写得绘声绘色。后来小说被改编成电影，这部电影更使得“吸血僵尸”的恐怖故事在全世界得到了广泛流传。

恐怖吸血者

“吸血僵尸”只是恐怖故事中的人物，不过世界上确实存在吸血者。例如匈牙利的特兰施伏尼亚伯爵夫人伊丽莎白。1569年伊丽莎白出生于一个贵族家庭，她的家族是欧洲最富有的名门望族之一。1600年，伊丽莎白的丈夫毫无原因地死去，伊丽莎白为了方便自己为所欲为，把婆婆赶出家门，将孩子远送他方。她以招收女仆为借口，疯狂地在乡村寻找未婚少女加以残害，令人无法想象的是，这种令人毛骨悚然的罪恶行径居然一直持续了10年。之后有人将此事报告了国王。国王命人于1610年12月30日的深夜对城堡进行了搜查并带走了伊丽莎白。

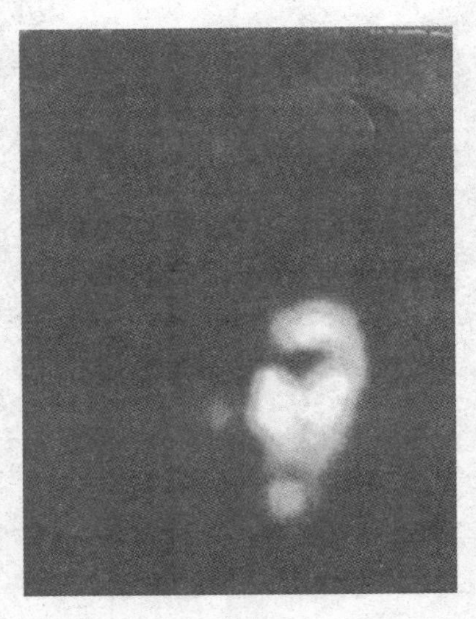

吸血僵尸的传说起源于人类对血的崇拜和恐惧，传说他们被称为血族，有着自己的职位划分

类似的吸血者决不仅仅出现在古代。1924年，德国汉诺威的哈尔曼，被指控谋杀了24名男孩，他有“吸血僵尸”之称。哈尔曼在德国受审时，法官认定，大多数受害的小男孩是被他咬破喉咙而致死的。1949年，一个叫英格的英国人因为想喝人血杀掉了九个人。最终他因犯有谋杀罪被判绞刑。后来人们都把他称为“伦敦的吸血僵尸”。

关于“吸血僵尸”的各类观点

世界上是否真的存在“吸血僵尸”呢？那些有关“吸血僵尸”

的传说为何长期流传？学者们从医学的角度指出，自中世纪以来，“吸血僵尸”之说之所以在斯拉夫民族以及波罗的海的诸国广为流传，其起因是一种罕见的病症造成的。那时斯拉夫贵族因近亲通婚引起多种遗传性疾病，包括罕见的造红血球性原紫质过多症，这是一种色素病，病人身体产生过量原紫质，面色发红，终日不能见阳光，只能待在黑暗的角落。稍微见阳光，就会产生水肿、皮肤奇痒难忍、起红斑，甚至破裂流血。患有此病的人只能避免白天活动，到了夜间才能出来活动。这种昼伏夜出的反常生活和极端怪异的行为方式，在中世纪蒙昧无知的年代，周围的人自然会对这种患者望而生畏，既嫌弃、厌恶又害怕，唯恐躲之不及，随之也出现了各种恐怖的传说。直到19世纪医学专家才诊断出造成这种疾病的原因。

还有人认为，之所以会出现“吸血僵尸”的故事，也有可能是因为当时人们把尚未死去的昏厥者误行埋葬而引起的，因为当时的医学尚不发达，人们对昏迷、烂醉、假死及陷于昏厥状态的人往往误认为已死，便将其埋葬。

随着现代人类学、医学、心理学及生理学的发展，最近，有关专家又有了新的说法。西班牙港口城市比戈的西勒尔医院有一位神经病学专家胡安·戈麦斯阿朗索。他提出了一个与众不同的医学解

释，他认为“吸血僵尸”就像人们想象中的“魔鬼”一样，它只是人们想象中的一种虚拟形象。

“吸血僵尸”这个词的出现最早可以追溯到中世纪，而恰在那个时候，中欧曾爆发过一场狂犬病。所以戈麦斯阿朗索认为，贪欲好色、嗜血成性的“吸血僵尸”故事很可能源自人们对狂犬病人的恐惧和疑惑。在当时，医学界对狂犬病人表现出来的病症无法全部作出解释比如他们对某些物质，如气味、光、水和镜子，表现出怪异的拒斥反应，而且某些病人具有强烈的攻击性的症状。不知原因的人们便将这些看成是某种邪念生灵的恶行，由此诞生了“吸血僵尸”的传说。

随着科学的进步，人们已经知道“吸血僵尸”实际上并不存在，但是关于众多传说的根源却仍不知其因，没有定论。

梦露死因之谜

梦露是美国历史名人排行榜中名列前茅的女性。人们习惯地将她的成绩归根于她的美艳、性感，然而时间却作出了最好的验证——性感终会消逝，而魅力将得以永恒。

巨星陨落

玛丽莲·梦露是20世纪50年代国际电影史上独具魅力的女星，有着“好莱坞性感女神”的美誉，她因卓越的演技和杰出的成就被载入电影史册。玛丽莲·梦露的美可以说是举世闻名，得到了全世界的肯定，梦露以普通人的身份进入影坛并一炮而红，诠释了无数动人的角色，并塑造了无数动人的女性形象。荣誉、地位和无尽的风韵伴随成功而来。然而令人惊奇的是，正处于事业巅峰的梦露却选择了自杀，这其中究竟隐含着怎样的秘密呢？

死因探秘

1962年8月5日早晨，梦露的女管家默里太太刚刚醒来，发现梦露的卧室门下透出一丝灯光，她走上前去推门却怎么都打不开。于是她匆忙地找来梦露的私人医生格林森打破了窗户进入卧室，只见梦露身上裹着被单僵卧于床上，手边还放着电话听筒。格林森检查了梦露的尸体后判定，梦露是吞服了大量安眠药而身亡的。

有人发现梦露的尸体解剖报告中存在多个可疑之处：报告认为梦露一次性吞服47粒安眠药，但同时又说她的胃内除了20立方厘米的褐色液体外几乎没有任何东西，按常理，吞服大量安眠药必定会在胃里留下些许残留物。更为奇怪的是，梦露的尸检报告从最开始多达723页，不知为何删减到54页。

美国《纽约先驱论坛报》记者乔·海厄姆斯曾在梦露死亡当天对她的邻居进行了采访。据邻居透露，梦露死亡的前一天，有一架直升机在其房子上空盘旋低飞，发出嗡嗡的响声。乔·海厄姆斯向电话公司索要梦露的通话记录，但遭到拒绝。之后他去查阅机场出租飞机公司的工作记录，发现8月5日凌晨2时，一架直升机从劳福德海滨别墅飞抵洛杉矶机场。根据线索推论，直升机中的人极有可能是罗伯特·肯尼迪。

梦露的前夫罗伯特·斯莱泽对于梦露的自杀充满怀疑。他曾亲自去查看了现场，在梦露卧室外发现一些玻璃碎片，如果说这些碎片是梦露的私人医生格林森破窗而入时留下的，那碎片应该在室内而非室外。此外，梦露的红色日记本也不见踪影，上面记录着梦露与肯尼迪兄弟秘密交往的隐私，斯莱泽认为梦露之死一定是他杀，那人拿走日记本后破窗而逃。

玛丽莲·梦露那动人的表演风格和正值盛年的陨落，成为影迷心中永远的性感女神符号和流行文化的代表性人物

据约翰·肯尼迪总统的妹夫、好莱坞影星劳福德称，梦露生前曾与约翰·肯尼迪及罗伯特·肯尼迪二人交往甚密。1954年经劳福德介绍梦露与约翰·肯尼迪相识，两人开始频繁接触。肯尼迪成为美国总统后，梦露曾在其 45 岁生日庆祝会上演唱《祝你生日快乐》和《谢谢你记住我》，肯尼迪总统甚至公开说："我甚至可以为那么甜美的声音和完美的技巧放弃我的总统职位！"事情发生后没多久，罗伯特和联邦调查局局长胡佛就通知肯尼迪总统，黑手党已掌握了他与梦露的关系，肯尼迪总统只好断绝了与梦露的关系，以此来打击黑手党。但梦露却并不甘心，她一直给肯尼迪打电话、写信，甚至以公开他们的关系来威胁肯尼迪。

无奈之下，肯尼迪只好请弟弟罗伯特劝说梦露，但罗伯特与梦露一见钟情，于是梦露对外宣布她将与罗伯特结婚，渐渐地，他们的关系也出现了裂痕。于是，梦露找到罗伯特，并威胁他说要向全世界公开肯尼迪兄弟对她的欺骗。她失去理智地向罗伯特拳打脚踢，直至梦露的私人医生格林森大夫到来才使她安定下来。

然而事情的真相果真是这样吗？1985 年，默里太太曾对外公布：1962 年 8 月 4 日，罗伯特去贝弗利山庄与梦露见面，两人出现争执，

后来梦露有些疯狂，罗伯特的随从进行干涉。最先对梦露死亡现场进行检查的杰克·克来蒙斯警官证实，梦露的尸体确实出现淤青，而且并没有保持死时的原状。

当时著名的私家侦探史毕葛罗也坚持认为梦露是他杀。2000 年，史毕葛罗在洛杉矶过世，他生前就曾对梦露之死写了三本书进行叙述。他曾在书中做出定论：玛丽莲·梦露一定是他杀，而且凶手一定是肯尼迪家族中的某位人士，正是他命令黑暗

势力铲除了梦露。

谁杀了梦露

萨斯曼在20世纪60年代时曾担任过梦露的宣传人员，在一次电视节目中他对梦露的脾气加以批判，说她非常傲慢，甚至不可理喻。萨斯曼说，美国传媒都知道肯尼迪兄弟与梦露的关系，这已不是能够对肯尼迪兄弟构成威胁的秘密，所以，肯尼迪兄弟根本没有理由买通凶手杀死梦露。

萨斯曼对于肯尼迪家族派人暗杀梦露和梦露自杀的说法都不持否定意见，但是他曾评价梦露"每个行动都是自我毁灭"，他认为梦露仅仅是想通过这一举动报复肯尼迪兄弟而已。

原好莱坞制片人唐·沃尔夫对梦露的死因一直深表怀疑。他询问了一些具有重要意义的证人，并同一些专家对梦露的鉴定报告进行分析，结果发现在她的血液中含有4.5毫克戊硫巴比妥和8毫克水合氯醛，这个剂量足以使十几个人死亡。但是在梦露的胃里却找不到任何关于这种药品的痕迹，因此可以推测为是他人强行给梦露注射了致命药品。于是，沃尔夫撰写了《对一个谋杀案的调查》一文，并于1998年10月15日同时在美、法、英三国出版，文中认定梦露的死是因为她与肯尼迪兄弟的特殊关系，她掌握了太多的国家机密，对于美国的安全来说她俨然已成为一个不稳定因素。

玛丽莲·梦露的猝死犹如一颗耀眼的新星陨落，必定会有很多人为此深感痛心。究竟是自杀还是他杀，至今仍没有定论，她的死如生前的迷情，给整个美国乃至全世界留下了挥之不去的连绵魅惑。

中国的创世女神之谜

女娲又被称为女娲娘娘，是我国古代神话传说中的人物。相传，女娲是传说中的人类始祖，而人类则是她和其兄长伏羲的后代。但是关于女娲其人，却有着诸多疑惑。

首先是女娲的性别之谜。长久以来，人们都认为女娲是一位神奇的女子。但是，清代的一些学者却认为，女娲原为男性，只是被后人讹传为女性。女娲为风姓，生于成纪，也有说她的名字为风里希，号为女希氏，是上古时帝王中的贤者。因当时没有文字可以表达其名号，因此只能音呼，后人便逐渐依音成字，写作“女娲”。关于女娲究竟是男是女，这个问题最终没有得到确切的结论。

其次是女娲炼石补天之谜。一种观点认为，上古时期，人类不知用火，女娲炼五色石补天，使得夜晚光明，食物得以烹饪使用。但有人提出疑问，最早是燧人氏使用火的，并不是女娲。另一种观点认为，五金皆生于石中，最初由女娲识别出它们，并用火提炼出来，将其制造为器物工具。因此，女娲便成了原始冶金的发明者。

第三是女娲的陵墓之谜。关于女娲墓的地点共有五种说法：山西永济县风陵渡、陕西潼关县、河南阌乡、山西赵城县、山东济宁。这五种说法各有依据，但又没有足够的证据能够证明其真实性，仍有待于考察。

无须进食也能成长的人

众所周知，食物是为人体提供养分的重要物质来源，从食物中摄取营养才能维持身体的生长需求，可是，你知道有不吃东西依然能正常生长的人吗？

人们都知道，如果长时间不吃东西，体内能量供应不足，营养物质无法满足体内的需求，就会导致身体虚弱，四肢无力，更严重的甚至会有生命危险。然而现实生活中有些事情却让我们感到非常惊奇！

在我国湖北省有一个奇特的女子，她十多岁时患上一种怪病，喉咙咽不下东西，因此无法进食。后来，她的病逐渐痊愈了，她却从此以后再也不吃任何东西，只是每隔一段时间会去医院注射葡萄糖。她适应了最初的这种煎熬之后，竟然坚持了二十多年，而她的身体发育完全正常，体力、智力同其他人并无差异。

人们不禁由衷地发出感叹，她究竟是靠什么来维持生存呢？医学界也对此事百思不得其解。医生们曾对这个女孩进行了几个月的跟踪观察，但是并没有发现什么异常情况。这其中究竟隐含着怎样的原因呢？究竟是什么物质能够使人不吃东西也能正常生长发育呢？这个谜还有待于人们不断探索。

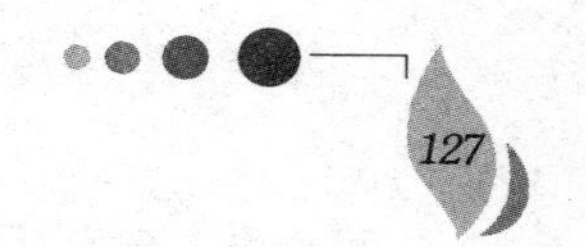

2 500 年前的心脏起搏器

现代医疗技术的不断发展，使得越来越多的疾病得以治愈，其中心脏起搏术就是一项非常重要的现代医疗技术。可是人们却在考古发现的千年古尸身上发现了一个已经跳动了 2 500 年的心脏起搏器，这一惊人发现使得无数的科学家百思不得其解，一项比现代还先进的医疗技术古人是如何掌握的呢？

灵魂说

古时的人们都相信灵魂的存在，并且对祖先或圣物十分崇拜和怀念，所以大多数民族会采取各种不同的方式对死者的尸体进行保存。在古埃及人思想中，人的概念跟现代人的概念完全不一样。古埃及人认为，一个人由五部分组成：躯体、“卡”（赋予生命的本原）、“巴”（一些人解释为灵魂）、影子和名字。人死亡时，这五个部分就分散开了。但只要躯体能永远保持完好，这五个部分的凝聚力就可维持，从而可以使死者以另一种生命形态存在。一般来说，人们发现的埃及木乃伊就是干尸的一种，属于人工制成的干尸，而另外一种则是在自然状态下形成的。据历史文献记载，古

心脏停跳 3 秒以上或心率经常低于 40 次，尤其是出现眼前发黑、突然晕倒的患者，应该植入起搏器。这也是起搏器最主要和最初的治疗范畴

埃及人制作木乃伊时是用沥青为尸体清洗体腔的，但经现代技术检验发现清洗体腔的并不是沥青，而是一种从植物中提取的树脂。

惊人发现

有一名埃及祭司在卢索伊城郊外出土的一具木乃伊体内听到了声响，这使他大感诧异，怀疑在木乃伊的身体里可能收藏着什么有害的东西，他随即将这具木乃伊原封不动地运送到开罗医院。医生对这具木乃伊进行细致的解剖，在尸体内的心脏附近发现一个心脏起搏器。医生清晰地听到这个心脏起搏器促使心脏跳动的声音，心脏跳动的速度达到 80 次/分。虽然木乃伊的心脏经过千年的时间早已干枯了，但它仍然跟随起搏器节奏而跳动，2 500 年一直都未改变过。经过科学仪器测试得知，这个心脏起搏器是用黑色水晶制造的，黑色水晶内含有一种放射性的物质，故而能够促使心脏不断地跳动。化验之后，医生又将这个起搏器放回干尸内，好让别的科学家前来参观。

神奇的保尸之法

经科学家们不断研究发现，木乃伊的制作方法有两种：一种是由防腐师用锐利的石片在尸体左侧割出一个大小合适的切口，将内脏全部取出。然后在体腔中填满碾碎的草药、肉桂和其他香料，接着将切口仔细缝合。这些工序完成后，将尸体埋在盐和小苏打的混

合物中 70 天后取出。取出后将其清洗干净，并用亚麻布绷带缠裹，绷带内侧涂上一层用树脂制成的黏着剂。最后，防腐师把木乃伊装入一个人形的盒子，送回死者家里，靠墙垂直安放。另一种方法是将死者的腹腔内注满雪松油，这样尸体比较容易清洗，并在小苏打与盐的混合物中进行防腐处理，这种木乃伊制成后就被埋葬在墓地里。

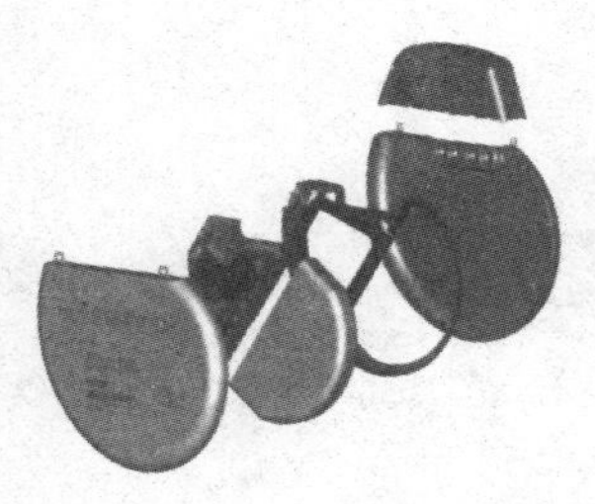

心脏起搏技术还在迅猛发展，每年都有很多新的功能、新的技术问世，使起搏器技术更加完善，让佩带者更大程度上受益

在古代世界中，古埃及人普遍运用制作干尸保存遗骸的技术，而且十分成功，这一技术最早可追溯到五千多年前的古王国时期。当时的古代埃及人认为，肉体的死亡并不代表着生命的结束，而是走上了一条永生之路。在当时，只要有人死亡，他的亲人就会立即请防腐师对其尸体进行防腐处理。至今保存下来的古埃及木乃伊有很多，如古埃及第十九王朝法老拉美西斯二世（约公元前 1304 年—前 1237 年）的木乃伊现今就保存于埃及。

神秘水晶

2 500 年前的心脏起搏器依然保持工作状态的惊人发现震惊了全世界的考古学家及电子科学家，有些专家学者更是赶到开罗医院，参观那具装有心脏起搏器的木乃伊。没有一个学者知道这块黑色水晶到底从何而来。因为目前人们所发现的水晶都是白色的，只有少数水晶是浅红色或紫色的，黑色的水晶以前从未被发现过。此外，使专家学者疑惑不解的是，就算古埃及人知道黑水晶含有的放射性物质可以使心脏保持跳动，但是以他们当时的技术又是怎样将其放进木乃伊的胸腔里去的呢？这件事就像一张错综复杂的网，让人们找不到头绪。

希特勒死亡之谜

希特勒是第二次世界大战的罪魁祸首之一，他的一生都充满了神秘气息，甚至他的死都充满了谜团。第二次世界大战结束后，希特勒神秘消失，只留下一具被烧得很难辨认的尸体，这真的是希特勒吗？对此，各种关于其生死的证明和说法层出不穷。

1945 年 5 月 9 日，苏联军队攻克柏林，德国战败。朱可夫元帅立即与克里姆林宫通了电话。斯大林在电话中得知军队并没有捉到希特勒，十分气恼地说："那么，这畜生是逃脱了吗，你们找到尸体了吗？"

而实际上，1945 年 4 月下旬，臭名昭著的希特勒在度过了凄惨的生日和婚礼后便杳无音讯了。

逃生说

关于希特勒的生死，有极少一部分人认为希特勒早已逃生。据说，有人掌握着希特勒在柏林失陷前两天和女飞行员莱契架机出逃的相关证据，而他的死讯只不过是为了迷惑众人而制造的假象罢了；也有关于希特勒从地下通道逃出柏林的说法；还有人说希特勒躲到了“攻不破”的南蒂罗尔堡垒中去了。

此外，在攻破柏林时缴获的文件中还有另外的说法，文件中记载着在盟军攻克柏林之前，希特勒的一些属下、部分重要文件和他的私人秘书，以及他的私人医生莫勒尔全部被转移到了伯希斯特加登。人们根据当时希特勒的病情推断，他时刻也离不开私人医生配制的强烈刺激剂。还有一个疑点就是希特勒曾任命邓尼茨为北线军事总指挥，但却没有任命南线总指挥，难道希特勒准备自己做南线军事总指挥，有在南方东山再起的计划？而后来音信全无是因为希特勒明白大势已去？如果这些能够作为希特勒在盟军攻克柏林之前逃遁至南方的证据，那么也就从侧面证明了希特勒并没有在柏林自杀。

还有人认为希特勒采用相貌相同的替身代死的“金蝉脱壳”之计，从而否认希特勒在柏林自杀。20 世纪 60 年代时，甚至有一名摄影师发表了希特勒仍生存于世的照片，而在其拍摄的影片中竟然出现了希特勒，并配有夸张的字幕。更为惊人的是，1989 年，智利人类学家奥雷夫居然惊呼：希特勒和妻子在智利印第安人居住区现身，并有照片为证，这使世界各国人民都为之震撼。

死亡说

虽然有人认为希特勒逃生了，但在关于希特勒尸体的解剖报告中还有另外一种说法：“已被烧变形，也无明显的致命伤或疾病发生”“薄玻璃瓶的瓶身和瓶底的碎片还残留在嘴里”。专家在仔细研究报告之后得出的结论是：死者是因氰化钾中毒致死。此外，还有两点可以作为佐证：一是在4月30日下午3时到4时，在希特勒自杀的地下室充满了氰化钾的苦杏仁味；二是4月29日到30日的夜间，希特勒曾给总理府医院院长哈泽教授看了装有子弹壳的3个小玻璃瓶，并且希特勒当场让哈泽用狗验证这种药的毒性。希特勒对哈泽教授说：“这些小瓶子装着从医生那儿得到的快速致死的毒药。”

希特勒贴身侍卫林格则证明说：“希特勒用7.66毫米口径的手枪在自己的右太阳穴处开枪，这支枪和另一支作为备用的6.35毫米口径的手枪一同滑落到地上。希特勒的头部向墙壁倾斜，沙发旁边的地毯上也沾上了鲜血。”同时林格还证明是他亲手用毯子裹住希特勒的尸体，并浇上汽油焚烧的。

但林格的话也存在疑点，由此人们对希特勒自杀时有无枪声出现也说法不一。认为希特勒是用手枪自杀的人坚信当时有枪声，而相信希特勒是以氰化钾自杀的人则对是否有枪声表示怀疑。认为有枪声出现的人，将当时在场的希特勒卫兵、传令兵和女秘书等作为证人，但他们却认为开枪的人不是希特勒，而且怀疑毒药是否有效，因为希特勒长期注射强烈刺激剂，所以可能是他命令林格在他服毒之后向他开枪……而林格也这样做了。

希特勒的死一时间变得扑朔迷离

魅影重重

除了希特勒之死难解之外，关于希特勒尸体的下落也说法不一。苏联声称希特勒被焚烧的尸体已被发现。根据1945年5月5日的备忘录记载，7名苏联官兵“在柏林城内的希特勒总理府地区，在其私人避弹所附近，离戈培尔及其妻尸体附近，发现并取出一男一女两具焚烧过的尸体”，“经过仔细研究后认定，两具尸体是希特勒和爱娃·布劳恩”。另外还有一个旁证——两条与两具尸体同葬在一个弹坑中的狗被确认是“希特勒私人养的狗”。而最具说服力的证据就是尸体解剖报告中对希特勒牙齿的鉴定，因为世界上所有人的牙齿都不会相同。由于希特勒的牙医布拉什克教授的助手霍伊捷尔曼找到了希特勒牙齿的X光照片以及制作好而从未使用过的金牙套，并且他确定地说“希特勒的上一排牙是金牙，以左边第一颗戴牙套的牙为支撑”，经专家仔细对照实物，最终才确认该牙是希特勒的。

而一些希特勒身边的人，如他的育犬师托尔诺夫、厨师兰格尔等人却说：“元首死了，但未留下尸体。”据执行焚烧希特勒尸体命令的林格说：“希特勒是在15时30分自杀，而后他将裹好的希特勒尸体带到花园，浇上汽油后进行了焚烧”“19时半，遗体保持燃烧

状态，我便不去注意它了”。所以根据这个时间可以判定尸体早已被烧成了灰烬。

除了上述说法外，还有人认为希特勒的尸体被焚烧后，骨灰由希特勒青年团首领阿克斯曼带走了。英国历史学家特雷沃尔·罗别尔说：“希特勒终了其愿，他的尸体由他的追随者秘密地葬在了意大利的布其托河边，人类摧毁者也永远告别了人类。”

世界上对于希特勒的死亡之谜的说法，可谓是众说纷纭、莫衷一是，甚至还有人提出希特勒当时并没有死，死的是他的替身的说法，这种种的猜测更给希特勒之死蒙上了一层神秘的面纱。希特勒当时是否死亡？如果是，他又是怎样死的呢？是自杀，还是他杀？但无论他是生是死，所有人都希望那段可怕的历史再也不要重演了。

英国困惑百年的“恶魔杰克”

在英国一直流传着一个可怕的杀人恶魔的传闻，恐怖的“恶魔”不仅给人们带来了恐慌，也在人们心中留下了一个难以磨灭的印记，“恶魔杰克”也成为英国神秘事件中一个久未解开的谜团。虽然他是如此恐怖，但人们还是不断地将其作为茶余饭后的谈资，更成为电影银幕中的经典形象，“恶魔杰克”有着怎样的神秘，让人难以忘怀和疑惑不解呢？

银幕中演绎的真实事件

曾经有一部叫作《恶魔杰克》的英国热播电视连续剧在我国放映，这部悬疑恐怖的电视剧是根据英国历史上的真人真事改编的，而且“恶魔杰克”凶杀案中的谜团至今也没有解开。

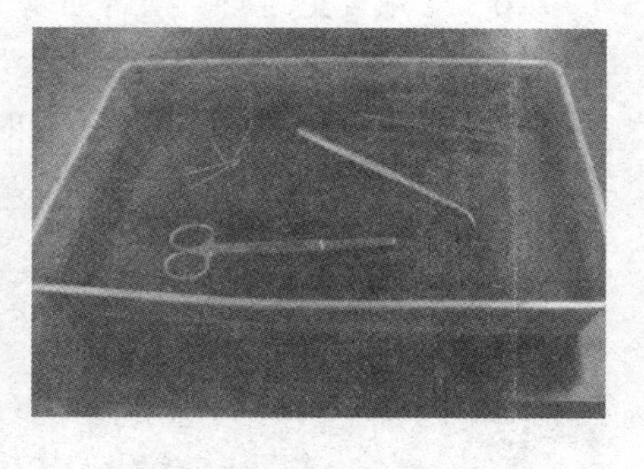

据英国的资料记载，1888 年秋天，在英国伦敦怀特查普尔的贫民区里发生了一系列严重的凶杀案，凶手在 10 个星期之内连续以残酷的手法杀害了有 6 名妓女（一说是 5 名，因为其中一个没有确定）。凶手的杀人手法相似且十分残忍，因此人们称这个凶手为“开膛手杰克”。

凶手姓名之谜

其实，关于这个凶手的姓名至今仍是迷雾重重，人们所谈到的“恶魔杰克”仅仅是为了方便所起的一个代号。“恶魔杰克”凶杀案早已过去百年，仅以此案为题材的电影、话剧、小说的总数就不下几十种，有关这一案件的传闻也非常多。造成这种结果的原因是由于“恶魔杰克”从来没有被抓住，而他又不可思议地终止了他的杀人行为，致使此案成为英国百年未破的悬案。

据英国官方的档案记载，杰克在杀人时间的选择上是很有规律的，这次若是在每个月的第一周，那么下次就会在当月的月底。凶杀案发生后，原伦敦警察厅总监助理米勒依·麦克诺顿曾在自己的笔记中提到了三个嫌疑犯的名字。

第一个嫌疑犯名叫蒙塔哥·约翰·德鲁特，年龄31岁，职业是家庭医生。他在第五个妓女玛利·凯利被杀后失踪，7个月后，他的尸体在泰晤士河上被人发现。

第二个嫌疑犯名叫高斯肯斯基，是一个犹太人。他之所以有嫌疑主要是由于他居住在谋杀案发生地区的中心地带，并且他因常年独居生活，导致精神有些失常。同时，他还于1889年3月被关进疯

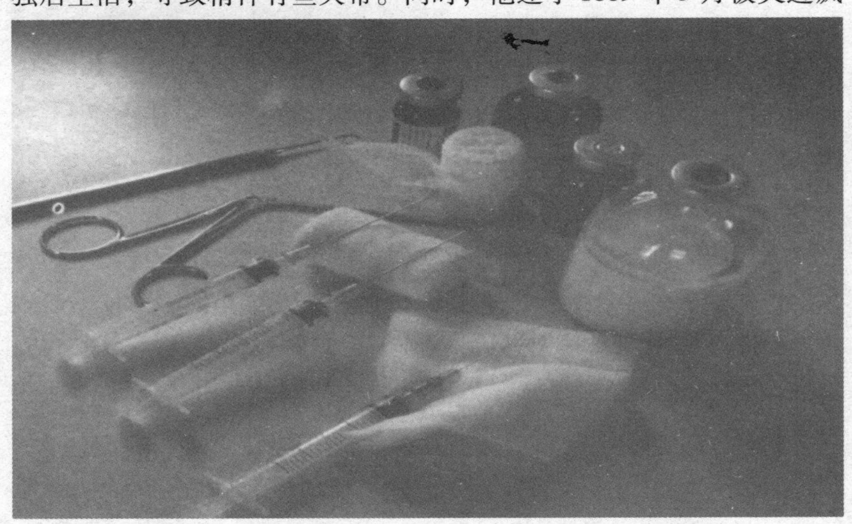

人院。有传闻还说，他与某位警员所见的嫌疑人非常相似。

第三个嫌疑犯名叫米切尔·奥斯卓格，是一个疯狂的俄国医生。传说，这个医生对妇女非常残忍。人们经常看见他随身带着外科手术刀和其他医疗器械，重要的是他没有确凿的案发时不在场证据。

恐怖的恶魔

关于凶手的作案方式，有人认为“恶魔杰克”是个患有精神分裂症的病人，他是处于梦游状态进行杀人的。可一旦这种状态消失，杀人行动也就停了下来。对此，也有人持不同的看法，他们认为患有精神分裂症的人虽然对周围的人有一定的潜在危险，但其行动是无理智的，是没有预谋杀人的思考能力的，更不会进行一系列的谋杀。

一百多年过去了，为什么人们对“恶魔杰克”依然记忆犹新呢？是因为他的杀人手法极其残酷，还是他的失踪使人困惑？这让人非常费解。“恶魔杰克”残忍的手段使人们记忆深刻，而受害者更是深受折磨而死。

1988 年 9 月 30 日凌晨，“恶魔杰克”又杀害了两个人。

其实，早在发生“双杀”案件的前两天，英国的中央新闻机构

就收到凶手的信，信中写道："亲爱的先生，我不断听到消息说警察已抓到了我，但他们至今还不知道我是谁。……我喜欢我的工作，我还要干。下一步，我要做的是割下她的耳朵……"署名是恶魔杰克。也就在几小时之后，警方又接到凶手的一张明信片，内容是对先前来信的继续，其中写道："我给的提示并非在愚弄你们，你们明天会看到我的杰作。恶魔杰克。"

虽然警方对这两封信极为重视，将其复印件刊登在广告上提醒公众注意，但凶案依旧如期而至。此事在伦敦引起了极大的震惊，从此"恶魔杰克"的名字便留在了人们的脑海之中。警方根据几个证人的描述，在通缉令中对恶魔杰克这样描绘：30 岁男子，身高 170 厘米，白色皮肤，浅色胡须，中等身材，戴着舌布帽，外表像水手。

11 月 28 日，受害人玛丽·凯利在利顿斯通墓地下葬，但她的下葬并不意味着"恶魔杰克"从此消失。一百多年来，人们仍在无休止地猜测、推断，但恶魔杰克究竟是谁仍无答案，也许答案永远无法知道，可是嫌疑犯却随时间的推移而越来越多……

目前，有关"恶魔杰克"凶杀案的所有档案都封存在苏格兰了，而有关这几起凶杀案的侦破过程及所掌握的线索人们依然一无所知。

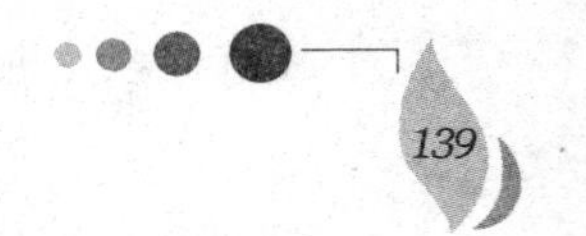

亚瑟王之谜

大约在12世纪的欧洲，一个关于伟大的亚瑟王的传说开始在吟游诗人之间广为传颂。目前，创作于15世纪前后的《亚瑟王之死》被认为是有关亚瑟王传说的集大成者。

亚瑟王究竟是怎样的一个人？他又出现在哪个时期呢？

公元1世纪前的大不列颠岛屿上，凯尔特民族长久统治着英格兰的广大地区，之后随着罗马帝国的崛起，英格兰被纳入了这庞大帝国的版图。历经6个多世纪的风雨洗礼，昔日强大的罗马帝国日渐衰微，英格兰也逐渐摆脱了帝国的控制。然而，好景不长，日耳曼民族的分支萨克森人入侵了英格兰，英格兰岛上的原住居民凯尔特民族奋起与入侵者展开了激烈的斗争。在巴顿山战役中，凯尔特人各部落在他们领袖的率领下打败了不可一世的萨克森人，最终统一了整个大不列颠。而亚瑟王就是作为伟大的民族英雄、英明的领袖而出现的。他也成为中世纪时期英国历史上最具传奇色彩的人物。

随着时光的推移，有关亚瑟王的传说在中世纪时期的英格兰人们中广为传播、不断变化，拥有王者之剑和石中剑的亚瑟王成为将兰斯洛特、崔斯坦等传说中的骑士收归己用的“圆桌骑士团”首领，成为拥有至高荣誉的不列颠英雄。他佩戴的那把具有神秘精灵魔力的王者之剑令英格兰的众骑士甘心归附，确立了他在大不列颠的非凡地位，成了亚瑟王至尊权利的象征，使他在无数的战役中攻无不克、战无不胜。

传说中的亚瑟王有着辉煌的一生，留给后人无限的遐想，人们不禁怀疑，这样一位传奇般的人物是否真的存在？

相传在英国的汀塔堡曾出土过一块约公元 6 世纪的石板碎片，在石板的上面刻有拉丁文的“亚瑟”两字。汀塔堡也被认为是这位伟大的民族英雄的诞生地。12 世纪前后，一位修道院院长曾挖到了一块刻有“显赫的亚瑟王长眠于阿瓦朗岛”的墓碑以及一男一女两具骸骨，据猜测这便是亚瑟王和他的王后的骸骨。但除此之外，有关伟大的亚瑟王再也没有任何史实的记载，因此也不能就此证明亚瑟王确实存在过。亚瑟王的存在与否成为一个永远无法解开的谜题。

亚瑟王是英格兰传说中的国王，一位近乎神话般的传奇人物。图为英国古堡

在肝脏里发育的孩子

相信大家都知道，胎儿是由精子和卵子在受精后进入女性子宫内逐渐生长发育而来的，历经十个月左右的发育才形成完整的婴儿。而当受精卵在成功受精后没有按照原路线进入子宫又会发生什么呢?

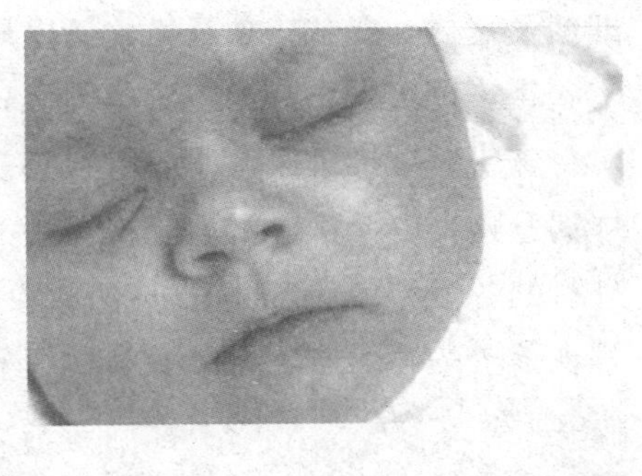

普弗莱茨镇是南非开普敦市附近一个风景秀丽的小镇，祖鲁女人查伊塔就住在这里。2002 年，查伊塔怀孕了。由于有过经验，这次怀孕查伊塔感觉非常轻松。转眼 9 个月过去了，2003 年 5 月初的几天里，查伊塔突然感到时常会有莫名的头晕。几天后，在开普敦的萨默塞特医院，医生用超声波扫描仪对她的腹部进行扫描。突然，他的神色严肃起来，嘴里还喃喃道："怎么会这样?"

医生以为仪器出了问题，半小时后，医生用换好的仪器对查伊塔进行再次扫描。但是，他又一次惊惧地愣在那里。旋即，他冲出了扫描室，拉来了一名主治医生。然而，那名医生在仔细观察了屏幕之后，也立刻像泥塑般呆住了。好半天他才回过神来，掏出听诊器在查伊塔的腹部听了又听，这时他的神色又古怪了。在查伊塔的追问下，医生才用尽量冷静的口吻告诉她：经过检查，尽管查伊塔的腹部高高隆起，但她的子宫却空空如也，找不到任何胎儿的痕迹！但是通过听诊器，却分明听到查伊塔隆起的腹部内有胎儿微弱的心跳声。随即，查伊塔立即被转到开普敦市著名的格鲁特医院。格鲁特医院的著名妇科专家霍华德医生亲自为查伊塔做了检查。尽管他采用最先进的仪器，对查伊塔的整个腹部做了两个多小时的超声波扫描，依然没有找到胎儿的踪迹。他惟一能肯定的是：这是一例极为罕见的宫外孕。

据专家介绍，宫外孕并不罕见，但受精卵一般是在子宫外连通子宫与卵巢的输卵管处着床。当然，受精卵也可能会在母体腹腔处尤其是卵巢处着床，有时也会在内脏或肝脏附近骨盆处着床。如果受精卵在子宫外着床，发育胚胎会侵入母体血管以吸取营养，导致孕妇出现内出血，危及母体生命安全。

在母体每1万例怀孕中，出现受精卵腹腔着床的机会只有一例。即使是这样，婴儿成功降生比例也只有1/10。

霍华德医生决定第二天早晨8时为查伊塔做手术。20日上午8时，查伊塔被推进了手术室。以霍华德医生为主的6人手术小组立即揭开这个整个医学界都十分关注的谜团。此时，格鲁特医院整个外科的各个科室都做好随时加入手术的准备，因为一旦打开腹腔，发现孩子的确切位置，腹腔科的外科专家就要立即来协助妇科医生

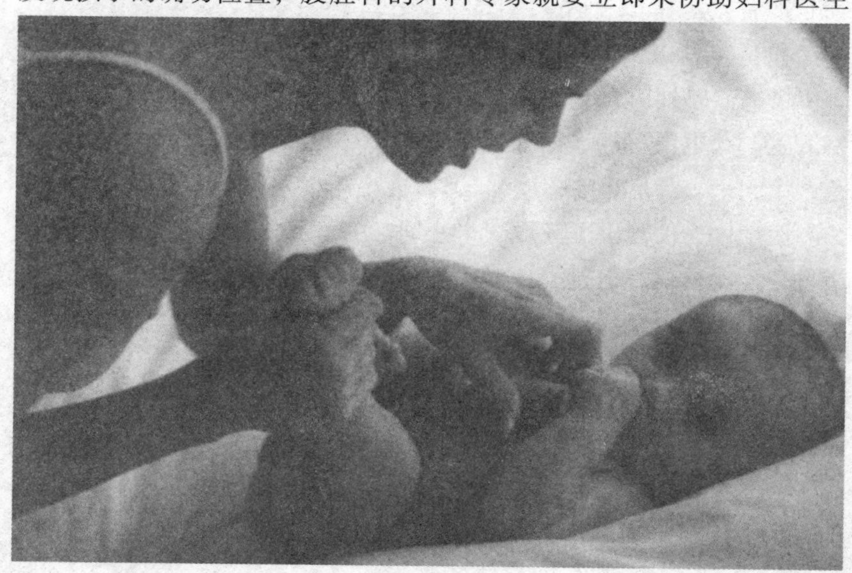

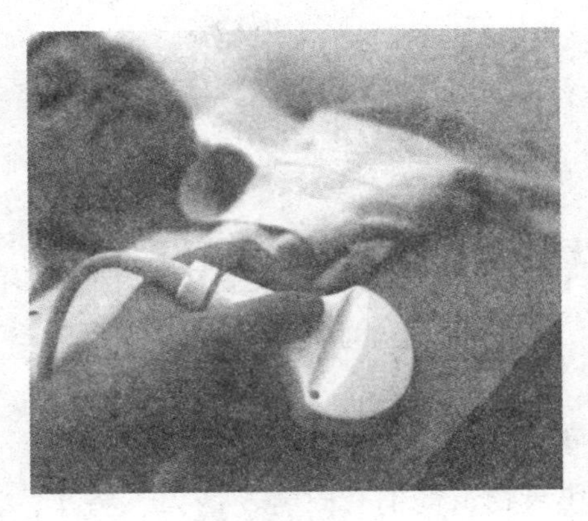

进行手术。手术室里，当霍华德医生小心地从查伊塔的腹部处切开一个 15 厘米长的口子时，禁不住倒吸了一口冷气---只见，在查伊塔的肝脏右侧，镶嵌着一个橄榄球大小的肉球，肉球整个被肝脏包裹着，孩子正孕育在里面。这一触目惊心的场面让每个医生的心都不约而同地缩紧了。因为，肝脏是人体最大的储血器官，上面有很多血管。如果手术稍有不慎，不但胎儿不能安全地分娩出来，就连查伊塔的生命也将难保！此时正在待命的肝外科医生克里奇教授迅速赶了过来。

接下来的外科手术很特殊，肝科专家要切开肝脏，然后再配合妇产科专家寻找胎盘的羊水囊。手术难度很大，稍有不慎，母子俩将双双丧命手术台。此时妇科专家霍华德惊异地发现，在查伊塔的肝脏后部有一个“小窗口”——羊水的膜囊正好从那儿露出来，并与肝脏表面相接。这个“窗口”便是孩子分娩的出口。霍华德医生果断地从“窗口”处切开查伊塔的肝脏，这时婴儿的小脚露了出来。霍华德小心翼翼地将婴儿拉出来，手术成功了！是个女婴！接着，霍华德医生将婴儿的脐带剪断。手术整整进行了五个半小时，这对所有的人来说，都是一次生命的洗礼。这个后来被取名为娜拉拉的女婴体重 2.8 千克，皮肤呈浅黑色，一头卷曲头发，十分可爱。她出生后被放进了氧气箱，不过从第二天起她就可以依靠自己的力量呼吸了。查伊塔也很快恢复了健康。到目前为止，娜拉拉是世界上第一例在肝脏中诞生的婴儿。

神秘铁面人身份之谜

历史从来都不缺少故事，更不缺少神秘。在悠久的历史长河中，不知隐藏着多少神秘人物，他们有政客、商人、将军，甚至还有囚犯。在法国的历史上就有一位神秘的囚犯，人们称其为“铁面人”，那么这个神秘的铁面人到底是谁呢？

作品中的铁面人

几百年来，关于铁面人的传说，人们一直都在努力寻找着答案

电影《铁面人》是一部曾经热播过的英国彩色故事片，在我国也曾上映过。而小说中铁面人的故事与电影中所表现的有很大不同。在大仲马笔下，铁面人是作为“三个火枪手”之一的阿拉米斯从巴士底狱救出的被其母亲囚禁着的路易十四的孪生兄长菲力普，并且阿拉米斯设计让他代替路易十四坐上王位，反把路易十四推入巴士底狱。幸好这一阴谋被火枪手队长达尔达尼昂识破，并帮助路易十四重新登上王位，而菲力普则再次入狱，而且他永远被罩上了一张铁面罩。

但在《铁面人》的影片中则完全不同，电影中的菲力普在其刚出生时就被送出王宫，后来当路易十四知道他还活着的时候，马上派财政大臣富凯将他抓了起来，并囚禁在圣马格丽特岛上。而内政大臣科尔伯和达尔达尼昂则对生活荒淫无度的路易十四极为不满，便设计救出了菲力普。在宫廷舞会上，经过化装的菲力普被错认为路易十四，而这时真正的路易十四却被戴上了铁面罩囚禁了起来。

无论是文学作品中的铁面人，还是影视作品中的铁面人都如同镜子一般反映出当时法国专制统治的黑暗。尽管其情节都是虚构的，但在法国历史上路易十四统治期间确实有过一个戴面罩的犯人。他是谁？几百年来人们始终未能解开这一历史之谜。

历史中的铁面人之谜

在法国历史上的 1688 年 9 月 18 日，当时新上任的法国巴士省省长圣·玛尔亲自将一名头戴铁面罩的犯人押送到巴士底狱。从此以后，这名犯人直至死去也没有摘下过铁面罩。正是因此，“铁面人”也就成了迄今为止历史上最神秘的囚犯。在近三个世纪的时间里，人们围绕着“铁面人”的身份和真实姓名提出了种种不同的说

法。在这些说法中有五种说法较能被人们所接受。

第一种，兄长菲力普说。持这种观点的人认为，“铁面人”是路易十三的儿子，路易十四的长兄，他原本是法国王位的合法继承者，但由于其性格忠厚老实，最终被他凶险狡诈的兄弟以阴谋手段篡夺了王位。路易十四不敢用毒药和秘密处死的方法来对待兄长菲力普，于是便让他一辈子戴着铁面罩，使其无法夺走自己的王位。这也正是“铁面人”在监狱里不同于其他犯人，能够得到优待的原因。

第二种，前国王菲力普说。持这种观点的人认为，路易十四曾被兄长菲力普关在巴士底狱整整一昼夜，所以当他在德·阿尔坦尼扬的帮助下夺得王位时，出于报复的心理，为了让菲力普也知道蹲监狱的痛苦，便让菲力普戴上了铁面罩，并且从一个监狱转移到另一个监狱。

第三种，英国国王查理一世说。这种观点是由19世纪末安娜·维格曼最先提出的。支持这一观点的人认为，查理一世和戴面罩的囚犯一样有相同的习惯。查理一世上断头台时，其实是一个衷心拥护他的人买通行刑官顶替了他而死的，而他则戴着铁面罩活了下来。

第四种，国务秘书马基欧里说。持这种观点的人认为，路易十四统治时期的国务秘书马基欧里参与了割让意大利领土扎里给法国的活动，他一方面获得了法国国王路易十四的奖赏，另一方面又将秘密“出卖”给了西班牙。路易十四为了惩罚这个“叛徒”，便将他抓进了监狱，并戴上了铁面罩。

第五种，道塞说。持这种观点的人认为，“铁面人”是一个名叫道塞的人，虽然他不是政治舞台上的重要角色，甚至可以说他只是一

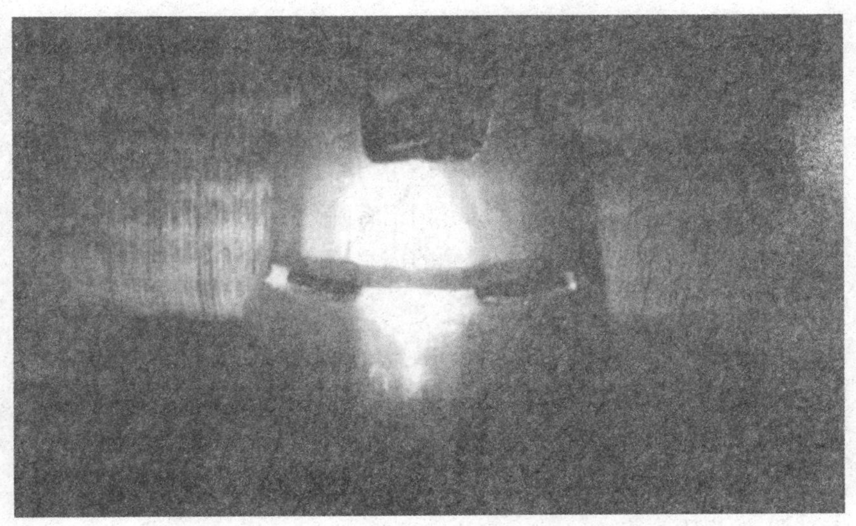

名仆人，但是由于他忠心干练，所以参与过法国许多重要国事，而且对路易十四的秘密知道得一清二楚。因此，当他年长迟钝时，法王路易十四怕他向外人泄露这些机密，于是就将他囚禁起来，并戴上了铁面罩。

此外，除了这五种说法，也有人认为“铁面人”是一名法国宫廷外科医生。这位外科医生参加过解剖前法国国王路易十三尸体的秘密行动，并且知道前国王不是路易十四的父亲，因此他才会有如此劫难。还有人认为“铁面人”是路易十四在位时期法国驻维也纳的大使。这位风流成性的大使居然在他任职期间爱上了年长他很多的皇太后，想变相实施“垂帘听政”，使得法国和奥地利哈布斯堡家族一样有平分无子嗣的国王死后领土的特权，但事情的发展并没有如大使所设想的那样美妙，阴谋被揭穿后，不仅使法国没能得到奥地利的一寸土地，而且连他自己也被武装遣送回国，法国也因此尽失颜面。路易十四为了不使他和大使之间的秘密暴露，但又念及这位大使的功劳，便私下将他判为无期徒刑，并给他戴上了铁面罩。

“铁面人”之所以会成为令人费解的谜团，很可能是因为路易十六曾经答应确保“铁面人”之事不会泄露。因此，一些与“铁面人”有关的资料早在那时就已经被有意识地加以毁灭和掩饰了，即

使是如今存留的零散的旁证，也是漏洞百出、自相矛盾，根本没法说明这个“铁面人”究竟是谁。就连1970年出版《铁面人》专著的法国记者阿列兹也不禁感叹这位神秘的囚犯真的是一个难解的谜。

其实，法国启蒙思想家伏尔泰是第一位谈论“铁面人”身份的人。他在1727年被囚禁在巴士底狱的时候听到了有关这个神秘的“铁面人”的事，并且他认为“铁面人”就是法国国王路易十四的亲兄弟。

新的“铁面人”之说

虽然电影《铁面人》沿用了“铁面人”是路易十四兄弟的说法，但并不是所有的文学家和历史学家都认同这种说法，他们中有一些人认为“铁面人”是路易十四和德·拉瓦里埃小姐所生的私生子——维尔曼杜阿伯爵。可能是因为他的出现使得王位继承人蒙羞，所以才遭受了这种惩罚。另外也有些人认为，“铁面人”其实是在与土耳其人作战中失踪的波福公爵，甚至有人大胆地设想“铁面人”是一位女性。总之，对于“铁面人”是谁有着种种的猜测。

20世纪初期时，法国历史学家马利乌斯·托本与巴黎阿尔森图书馆手稿部专家对巴士底狱的档案材料经过细致的研究和对比后得出了结论——传说中的“铁面人”不是法王路易十四的兄弟或直系亲属，他只是一个叫马提奥利的不太重要的意大利人。

马提奥利于1640年出生在波洛涅的一个贵族家庭，从小他就受到过良好的教育，因此他在20岁的时候便当上了波洛涅大学的教授，后来迁居曼图亚。由于他的才干和良好的涵养使得他成为曼图亚公爵贡萨迦查理四世的第一任部长，同时也是他的挚友和心腹。

而查理四世是一个生活毫无节制、花天酒地、铺张浪费的人，因此他总是债务缠身。他为了能弄到钱，甚至连祖国和人民也会出卖。

历代法王都垂涎于意大利的土地，到路易十四时更是企图占领杜·蒙费尔侯爵领地中的卡萨烈要塞，这个要塞位于都灵以东 15 千米处，是控制米兰的交通要道，更是进入意大利的门户，而此时的要塞也是查理四世国土的一部分。为了得到卡萨烈要塞，路易十四允诺查理四世一笔巨款。为了避免其他窥视意大利国土的国家从中干扰，双方决定这笔交易在极其隐秘的情况下进行，而马提奥利正是查理四世派遣的与法国人完成交易的心腹人选。

但在这一刻，马提奥利突然良心发现，他觉得自己不能再为早已支离破碎的祖国增加更多的麻烦。于是他给萨伏依公爵写了一封信，将这笔交易的全部细节都交代清楚了，而且他还给其他国家写了同样内容的信。

遗憾的是，路易十四很快便得知了这件事。趋炎附势的萨伏依公爵为了得到国王的赏赐便把马提奥利写给他的信交给了路易十四。路易十四看到信后勃然大怒，他不允许他的阴谋被公诸于世，于是他下令秘密抓住“叛徒”马提奥利，从此马提奥利便“失踪”了。而且在这之后，路易十四又派人四处散播谣言，说马提奥利是在一次出游时惨遭大风浪而死亡的。并且为了表现得确有其事，他还亲

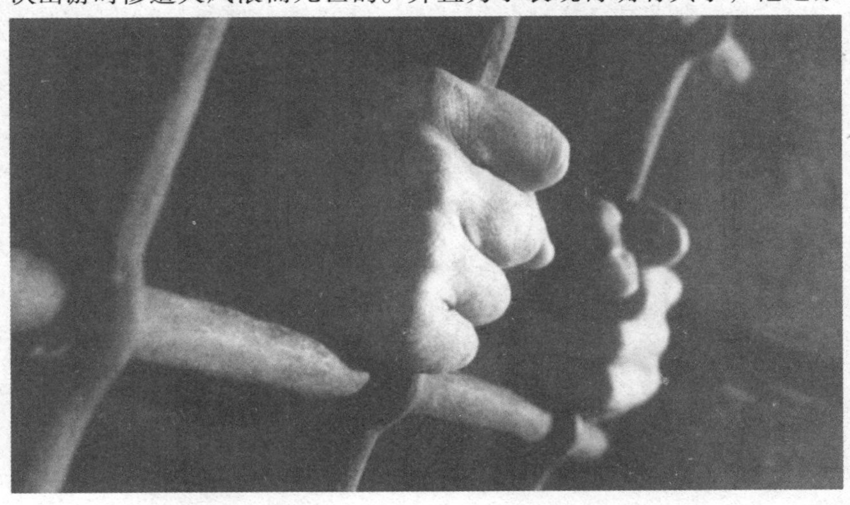

自向查理四世表示“沉痛哀悼”，同时又派人通知查理四世不要担心：“无赖”是永远也不可能从关押的地方逃出来的。

就这样，马提奥利从皮埃罗尔被押送到圣马加利达岛的城堡，在那里被囚禁了许多年。

1698 年，原来看押马提奥利的狱吏圣·马尔被提升为巴士底监狱的典狱长，而马提奥利也被带到巴士底狱关押，直到他无声无息地死去。

戴面罩的囚犯究竟是谁呢？人们可以猜测到的就是这个囚犯无疑是个重要人物，但这个囚犯被押解到圣玛格丽特岛时，欧洲却没有什么重要人物失踪。虽然“铁面人”的身份无法弄清，但可以肯定的是，他是宫廷斗争的牺牲品。后来，知晓“铁面人”秘密的军机务大臣玛法突然死亡，对此有人认为是路易十四下令让玛法服毒自杀的。

知情人一个接着一个死去，而最后一个知道这一秘密的大臣夏米亚尔在临死前仅告诉他的女婿费尔德元帅：这是国家机密，他曾经发过誓永不泄露！从此，“铁面人”之谜就变得更加扑朔迷离了，直到 18 世纪时，路易十五、路易十六也曾多次下令彻查“铁面人”是谁，但结果却没有人知晓。就这样，“铁面人”之谜一直流传至今，成为一个永远无法解开的谜。